环境是怎么回事?

[德] 克里斯蒂安·诺因赫斯 著
[德] 桑德拉·海克斯 绘
张清泉 郭 萌 译

科学普及出版社
·北 京·

图书在版编目（CIP）数据

环境是怎么回事？/（德）诺因赫斯著；（德）海克斯绘；张清泉，郭萌译，—北京：科学普及出版社，2015
（这是怎么回事?）
ISBN 978-7-110-08942-2
Ⅰ. ①环… Ⅱ. ①诺… ②海…③张… ④郭… Ⅲ. ①环境保护–青少年读物 Ⅳ.①X-49

中国版本图书馆CIP数据核字(2014)第307979号

出 版 人　苏　青
策划编辑　肖　叶
责任编辑　李　睿
封面设计　[illegible]
责任校对　林　华
责任印制　马宇晨
法律顾问　宋润君

科学普及出版社出版
http:www.cspbooks.com.cn
北京市海淀区中关村南大街16号
邮编：100081
电话：010-62173865　传真：010-62179148
科学普及出版社发行部发行
北京盛通印刷股份有限公司
*
开本：720毫米×1000毫米 1/16 印张：7 字数：150千字
2015年4月第1版　2015年4月第1次印刷
ISBN 978-7-110-08942-2/X・59
印数：1–10000册　定价：17.80元

目录

谁在保护环境？为谁保护环境？

所有人都在讨论环境问题，因为我们的环境正面临危机。你一定听说过“环保”这个词。那么，你是否曾经产生过这样的疑问：我们究竟是要防止环境遭受来自谁的破坏？如果答案是人类——是要防止环境遭受人类的破坏，你会不会感到震惊？

听上去非常奇怪，对吧？“环境”指的是我们周围的一切自然事物，比如植物、动物、你和爸爸妈妈一起散步的丛林、你呼吸的空气、你生活的土地，还有来自河流、湖泊和海洋中的水。这些都属于“环境”，但又不止这些，“环境”包含的内容还有更多。那么，有人会问了：环境怎么会受到人类的威胁呢？甚至会反驳说：海洋如此浩瀚，人类在它面前显得那么渺小，人类能对海洋造成多大的威胁呢？

你说得对——但又不对。也许一个人不会对环境造成多大伤害，但是全体人类加在一起的话，就会对环境产生严重的影响。有许多人在担心，我们赖以生存的环境正在遭受严重的污染：沉没的轮船将大量的石油泄漏到海里，造成不计其数的鱼类和鸟类的死亡；交通工具排放的尾气和工厂排出的废气污染着我们的空气；还有近年来，越来越多明显的气候变化和全球变暖的问题。

一旦环境遭到破坏，那么生活在其中的人类必然在劫难逃。我们已经认识到了一些加重环境负担的坏习惯，并开始大力倡导那些对环境有益的好习惯，比如使用不含氟利昂的喷雾瓶、回收可重复利用的垃圾，以及给汽车加无铅汽油等。但我们仍然没有完全停止破坏环境的行为。有时候可能是因为我们不知道这样做会破坏环境，但更多的是明知故犯，比如开飞车、习惯喝瓶装水、用饮用水给草坪浇水等等。其实，我们每个人都可以为环保做些事。在这本书中，你将会得到一些启示和建议。

为了更好地理解为什么以及如何保护自然，我们首先应当了解环境系统是怎样运行的。在这本书中，每个故事里的孩子都会在他们所处的环境中经历一些特别的事情；美妙的落日、热气球之旅、海边散步等——这些美好的风光会给你带来美妙的体验。但有些时候，大自然也会给人类造成一些威胁，比如狂风暴雨就有危及生命的可能。然而有一点是确信无疑的：你所处的环境永远不会让你感到无聊。小到公园池塘里的青蛙，大到地球上的气候。只要你能仔细观察，到处都有新事物等待着你去发现。因此，到处也都有需要被保护的事物。

当然，仅靠你一个人的力量是无法拯救地球的，但至少你可以贡献自己的一份力量。你还可以把先进的环保理念传递给家人和朋友，具体做法可以参照本书提供的建议。在阅读本书之后你就会明白，你和你的家人朋友在日常生活中只要做出一点点改变，就可以让我们的生活环境变得更加美好。只有环境好了，我们才能生活得更好！

太阳——生命的能量来源

蒂姆家的电从房顶上来

对于这一天，蒂姆期待已久了：今天安装师傅要在蒂姆家的房顶上安装一个太阳能装置。吃完早饭，蒂姆就立刻跑到他最喜欢的位置——家门口的台阶上去“站岗”了：因为在那里，整条街道和门口花园的景色可以尽收眼底，当然也不会错过在那里发生的任何新闻。阳光会把台阶照得暖暖的，只是这早晨的阳光弄得他鼻孔有点痒。

蒂姆回想起令他们一家激动不已的上个周末。家里一整天都在讨论一个话题：蒂姆的爸爸妈妈进行了详细的咨询以及一番复杂的计算，还和建筑师一起绘制了设计草图。最后，爸爸妈妈决定建一个太阳能发电站。不是那种巨大而又丑陋、带废气烟囱、有高大围墙的发电站，而是那种小型的私人发电装置，在自家的房顶上就能安装。因为发电的能源来自太阳，所以既不会产生噪声，也不会产生废气！这种用太阳光产生电流的技术被人们称为“太阳能发电”。

一开始蒂姆还不明白，为什么爸爸妈妈要改建太阳能发电站：“电是从插座里来的呀！那我们为什么还要建一个单独的发电站？”

“插座里的电是由发电站输送的，而发电站输出的电是燃烧煤得来的。”妈妈向蒂姆解释道，“可是，燃烧煤会产生大量的废气和污物，通过高大的烟囱排到空气中。而如果用太阳能发电，就不会产生废气啦！”

如果没有太阳，地球将是一片冰冷和荒芜

太阳是一颗巨大的恒星，地球和太阳系中的其他行星都围绕着它旋转。太阳表面翻滚着高达 5000 摄氏度的火浪。在它的内部，温度甚至超过 100 万摄氏度。太阳能以光和热的形式到达地球。值得庆幸的是，因为有了太阳的光和热，地球上才有了生命。反之，地球就会变成一个冰冷、荒芜的星球，没有人类、动物，也没有植物！

“减少空气污染，我们也能为保护环境做些事了。同时还能为我们自己赚些钱！”爸爸补充道，“你不用担心，电还是会从电插座里出来。只不过插座里的电将来自我们家房顶上的太阳能发电装置！我们不用燃烧任何煤和天然气。”

“最棒的是，”妈妈迫不及待地打断了爸爸的话，“以后我们取暖和洗澡的热水也会用太阳能来加热。也就是说，不久以后，在我们家房顶上的将不仅仅是一个光电池发电站，还是一个太阳能加热装置。”说完，她开心地对蒂姆眨了眨眼睛。

太阳能

太阳是万物产生和生长的基础。有了太阳的温暖和光照，植物、动物和人类才得以生存。植物可以储备太阳能：当我们砍下一棵树，燃烧木材时，它生长时长时间储备的太阳能就会重新释放出来。在火焰中，我们可以感受到这些光和热！

这时，街上传来了车子的轰隆声。蒂姆被吓了一跳，他从沉思中回过神来——安装太阳能发电站的师傅已经来了！

还没等蒂姆反应过来，师傅们就已经开始干活了。他们把淡青色的反光大平板搬进了前院。蒂姆刚刚看过爸爸拍的照片，所以知道这是用来收集太阳光的采光板。

过了一会儿，师傅们又搬来了一些深色的平板：表面是一层玻璃，里面是长长的黑色管道。它们现在还在薄膜里封着。“这一定就是太阳能装置要用到的平板了。”蒂姆心想，“或许就是通过这些管道，把水引进去加热，我们淋浴的时候才能有热水。真是太棒了。一切都由太阳能来搞定。”不过，暑假在海边的经历也让他知道，阳光太过炽热也是有危险的——去海边度假的第一天，他的皮肤就晒伤了。

现在，四位安装师傅卸完平板了。蒂姆好奇地看着这几位穿蓝色工装的师傅是怎么把工具箱、钻机、好几根长长的金属杆以及平板挨个搬到房子前的。突然，从上面传来了刺耳的声音。蒂姆抬头一看：两位安装师傅已经站在了屋顶上，正在揭下一个区域的瓦片。

为什么要注意防晒

如果没有太阳，我们就无法生存。太阳给予我们温暖并散播光芒。阳光可以促进我们体内维生素的转化和吸收，还可以让我们有好心情。如果没有阳光，我们的心情就会变得糟糕，甚至会生病。不过阳光太过炽热也不好！当我们长时间暴露在日光下时，阳光中的一些成分会伤害我们的皮肤。皮肤晒伤后可是很疼的。如果经常被晒伤，甚至会患上皮肤癌。

“希望今天不要下雨。”蒂姆心想，“不然雨水就会淋进我的游戏室了。”从今天早晨的天气状况来看，说不好会怎样。虽然当时天上飘着好几朵乌云，不过看上去似乎不会下雨。然而蒂姆已经开始考虑下一个问题了：“要是没出太阳，我们这个小型发电站该怎么发电呢？”尤其是在秋冬季节，糟糕的天气会频繁出现！太阳瞬间就消失在云彩背后了。“爸爸妈妈到底有没有仔细考虑过这些问题啊？”蒂姆开始担心起来。“云彩一遮住太阳，电视就会没电，这样看来，太阳能发电站岂不是很不智能？”而晚上刚好是人们需要用电来照明的时候！蒂姆的脑海中描绘出一幅灾难性的画面：以后晚上没有电、没有热水的话该怎么办？是不是从今以后早晨只能用冷水洗澡了？晚上睡觉前只能点着蜡烛刷牙？不行，他要把这些担忧查一一排除。

蒂姆一步并做两步地爬上楼梯，冲进自己的房间。透过他屋顶上的天窗，可以看到师傅们是怎样工作的。现在，房

顶看上去光秃秃的：瓦片已经被揭下来放到了屋子前面，支撑房顶的木头房梁裸露了出来。一个工人师傅正忙着安装房顶上的金属支架，这些支架待会儿要用来固定那些青色及黑色的平板。

工人师傅累得满头大汗，当他看到蒂姆时，对蒂姆开玩笑说："怎么样，你想不想来接我们的班？"

蒂姆有点不好意思地笑了笑。他看到别的工人师傅也上去了，电工还背了一圈长长的电缆和好几米长的黑色电线，一直铺到房顶的横脚线。还有一位白铁匠把两根管道焊接到一起，管道从房顶延伸到了地下室。

平常家里很少有这么多人。蒂姆又跑到前院，爸爸正在和友好热心的工程师研究施工计划。

蒂姆问爸爸："爸爸，为什么太阳能发电装置会闪蓝光？"

"这个太阳能发电装置叫作太阳能模块，是由许多小的四边形太阳能电池组成的。这些太阳能电池中含有许多硅晶体，硅晶体会呈现出漂亮的蓝色。其实普通的沙子里也有硅，你去海边用沙子堆城堡的时候就接触过它。"

蒂姆突然想起了一件事，他撒腿跑上楼，把手提录音机拿了下来："爸爸，现在能不能把太阳能电池拆下来，装到我的录音机上？"

这时爸爸正在查看施工方案，他抬起头回答蒂姆："理论上讲是可以的。不过房顶上生产出的电难以储存，所以我们会把电送到发电站，等到需要用电的时候，再从发电站取出来。否则到了晚上就无法用电，电灯、冰箱、电视还有你的小录音机就只能在白天使用了。”

“原来是这样。”蒂姆思索了一下，“现在我明白是怎么回事了。”

安装师傅在一旁笑着对蒂姆说：“你爸爸妈妈还能用太阳能发电站赚钱呢！”

“当然啦。”爸爸肯定了这个说法，“有了这个发电装置，我们不但不需要再支付电费，还能从发电厂得到一笔钱，这笔钱是发电厂支付给我们的生产电力的补贴费用，甚至超过了我们平常支付的电费。政府之所以这么做，是为了鼓励更多的人在自家屋顶上安装太阳能发电装置。‘赚来的’这笔钱呢，就可以用来安排我们下一次的家庭旅行了。”

太阳能不仅环保，还能为美妙的家庭旅行提供资金支持！这让蒂姆对太阳能的好处有了进一步的认识。

但还有其他的问题一直困扰着蒂姆：“怎样才能有源源不断的热水供应？是不是只有出太阳的时候才能洗热水澡？”

爸爸笑着说：“不会，只要你想，随时都可以用热水洗澡。我们可以在地下室储存热水。屋顶上的太阳能收集装置里弯曲盘旋着一些管道，里面都是液体。当太阳能发电站开始收

集阳光时，收集装置就会发出热量，受热的液体通过管道流向地下室。这时候，热量就会传递到水中。这些热水储存在一个锅炉里，等我们需要洗澡或者刷碗的时候再用。明白了吧？”

“冬天或者阴天的时候也可以吗？”蒂姆追问着，他一时还难以接受这么多知识。

“放心吧！就算在冬天，太阳也有能量把水烧热。如果真的那么倒霉，遇上天气特别冷的那几天或者太阳一整天都没有出来的话，我们还可以向煤气炉求救嘛！”

“不清洁”的能源和“清洁”的能源

时至今日，人们主要还是通过燃烧树木来获取能量：有些是人们伐倒的树；有些是数百万年前枯死、腐烂的树木，经过时间的推移，转化成的煤、石油和天然气。后者是古生可燃材料，人们从几百年前就已经开始从地下深层挖掘使用了。

燃烧煤、石油和天然气得到的不仅是人类所需的能量，也会有对人类无益的废气、灰尘和炭黑随之产生。尤其是其中的二氧化碳气体，如果排放量超标，就会危害我们的环境。因此，研究专家一直在试图用新的“清洁”的方式来获取能量：通过使用太阳能生产出电和热，却不产生废气。其实，风能的来源也是太阳能，因为太阳是天气的动力，因此也就是风的动力。感谢“清洁”的太阳能，使我们可以在获取能量的同时不再加重对环境的负担。

蒂姆沉思了片刻，又匆忙跑了出去——他要立刻去找好朋友马克斯，给他讲讲这套超棒的新设备。

第二天，安装完工了。蒂姆和马克斯并肩站在房子前面，注视着房顶。蒂姆很专业地给自己的朋友逐个讲解太阳能发电装置的建筑构件：“闪着蓝光的是太阳能模块，旁边的黑色平板是用来收集光和热的太阳能收集器，我们用它来烧热水。”蒂姆的介绍给马克斯留下了深刻的印象，他一边听一边点头。

激动人心的时刻就要到了，蒂姆显得有点紧张。爸爸和安装工人准备启动太阳能发电装置了。“还好！”他想，“幸亏今天有太阳。”

妈妈透过厨房的窗户说：“你们可要动作快点，等一下我就要用热水了！”

“别着急。”爸爸对妈妈说，“想要储存在地下室的水足够热的话，还需要一点时间。”

现在，蒂姆、马克斯、爸爸和工程师叔叔来到了地下室。只见白铁匠在这里竖起了一个黄色的大锅炉。在地下室的墙上，电工又装了几个仪表和指示板。

工程师叔叔转动了一下开关，对蒂姆的爸爸说：“要是你愿意，我们现在就可以启动发电装置了。”

“来吧，我们就要用到太阳能生产的清洁能源了！”爸爸带着激动的语气回答。

工程师叔叔按动了红色按钮。指示板敏捷地响起“嘀嘀”

声，“真不错！功率已经到了2000瓦！”他兴奋地叫道，“祝贺你们！”

爸爸露出了兴奋的笑容，抱住蒂姆说：“儿子，这真是一个特殊的时刻！”

蒂姆觉得太神奇了，他迫不及待地问：“热水呢？”

“马上就有了，”工程师耐心地告诉他，“我得先打开水泵，然后水才能开始循环。等到储水锅炉里的水完全烧开，还需要几个小时。你俩离近点，按这儿！”蒂姆和马克斯按下了那个红色按钮。只听见一个小水泵的马达开始嗡嗡作响。

这四个人骄傲地走到楼上的厨房。蒂姆冲在最前面：“妈妈，我们马上就能用上太阳能发的电和太阳能烧的热水啦！”

妈妈高兴地说：“太棒了！我现在就用咱们家自己发的电给你们煮咖啡喝吧！”

“太好了！”大家异口同声地回答。

“我喝的第一杯用太阳能发电煮成的热咖啡来自蒂姆家哦！”马克斯开玩笑地说，“回家我得给爸爸妈妈讲讲。”

蒂姆得意地冲爸爸妈妈眨了眨眼睛，他为爸爸妈妈感到骄傲，也为他们的家庭发电站感到骄傲。

大气层——
包裹地球的
气体外壳

安娜飞上天——一次奇妙的热气球之旅

安娜放学回到家时，发现妈妈正在家门口等着她。妈妈满面笑容，好像有什么惊喜似的，她神秘地说：“快进来，安娜，有特别棒的东西给你看！”

安娜很好奇，她心想：“是不是家里来客人了？难道是叔叔？他可大方了，每次来都会给我们带超棒的礼物！”想到这儿，安娜迅速地冲进房间，穿过走廊，跑到客厅——客厅没有人，她又跑到厨房——还是没有叔叔的身影。最后，她在厨房的桌子上发现了一封寄给自己的信。“好奇怪啊，”她有些惊讶，“通常只有在生日的时候才会收到信呀。”

安娜迫不及待地撕开信封，原来是《都市报》寄来的信，信里写着：“亲爱的安娜！三周前你参加了我们举办的‘让我们的森林更清洁’有奖竞赛，我们很高兴地通知你获得了一等奖。奖品是乘坐热气球旅行。当然，你的爸爸妈妈也可以陪你一起来。衷心地祝贺你！”

安娜想起了信里提到的这次活动。在一个周六，她和爸爸妈妈还有许多人在森林里散步的时候，在灌木丛和小路边捡了不少垃圾。“真是难以置信，这些来散步的人就这么把垃圾丢在地上，也不知道扔进垃圾桶。”她一边摇了摇头，一边回忆着。她又想起了信里的内容。“妈妈，我得了一等奖呢！”安娜开心地跳起来搂着妈妈的脖子，“一次热气球旅行，真棒！快飞上月球吧！”

妈妈也替安娜感到高兴：“太好了！这一定会是一次美妙的经历。报社的工作人员之前来过电话，我已经跟她约好了时间，14 天以后我们就要启程了。”

这一天终于来了！安娜苦苦等待了漫长的两周，两周以来，她每天早上都要看看日历，每天晚上都要看看天气预报。她每天都在心中祈愿，这一天可一定要晴空万里！因为如果天气不好，热气球就不能起飞。幸好，天气预报说今天天气很好。

昨天晚上，热气球驾驶员打来电话说一切已经准备就绪了。这个消息让安娜兴奋得差点没睡着觉。闹钟响的时候天还黑着，因为安娜和爸爸妈妈必须得早起赶去市郊的热气球起飞地点。他们一家三口出门的时候，太阳才刚刚升起。

一路上，安娜的脑子里冒出各种各样的问题，比如“热气球是怎么飞起来的？能飞多高？”“今天的热气球之旅会顺利吗”她的脸上充满了期待。

爸爸看到安娜兴奋的样子，开始和她聊起了关于热气球的话题：“第一个驾驶热气球的人把地球大气层叫作‘大气海洋’。那时候既没有飞机、飞行员，也没有飞机场。人们对天空由哪些成分组成的,以及它的尽头在哪里都知之甚少。由于人们对海洋的了解相对较多，所以当时热气球驾驶员就从航海中借用了一些技术名词。”

安娜在书中看过世界上第一只热气球的照片：它是深蓝色的，装饰得特别漂亮。她的小脑瓜又开始发挥想象了：要是第一只热气球的下面真的挂着一艘船，当人们看到这个景象时，该觉得有多滑稽啊！不过，还有一个问题一直让安娜百思不得其解：“热气球是怎么飞到天上去的？”

好在妈妈是一位物理学家，对于这样的问题她总是知道答案：“在热气球的下面有一个煤气燃烧器，它能慢慢给热气球里的空气加热。你肯定知道，热空气比冷空气要轻，所以热空气会上升。等到气球里面的温度高于外面的温度之后，气球就会慢慢地升向空中。所以我们叫它‘热气球’。”

安娜简直迫不及待了，他们一家三口终于到了热气球起飞的指定地点。热气球飞行工作小组已经在那里等候他们了。现在，热气球的彩色球罩还软塌塌地躺在地上呢。几个工作人员在准备气球吊篮和煤气燃烧器。还有足够的时间留给安娜向热气球驾驶员提出几个问题："早上好，驾驶员先生！为什么我们要一大早就出发呢？"

风是怎样产生的?

先来说说热气球的原理。当空气受热时，气体会膨胀变轻。热空气就会上升并停留在上面，而冷空气会下沉。举一个例子就比较容易理解了：圣诞金字塔上的蜡烛也是类似的原理。烛焰上方的空气温度逐渐升高，导致热空气上升，上层的装饰物受到热气流的吹拂，就会慢慢转动。热气球也是同样的道理，球罩中热气上升，带动了整个气球向上飘浮。

同样道理，夏天太阳升起后地表温度随之升高。靠近地表的空气受热上升，冷空气从另一个方向涌来，触碰地表，遇热上升。然后新的冷空气再次涌来，这样，就产生了气流，就是我们常说的风。

驾驶员捋了捋花白的胡子，笑呵呵地说：“这是个好问题，小姑娘。我们只会在一天当中的两个特定时间段让气球起飞——日出前和日落后，因为这两个时间段的气流比较平和。白天的大部分时间日光强烈，日光使地表温度上升的同时，也会产生上升和下降气流，这两种气流会让吊篮发生剧烈的晃动。同样，夜间航行也不是明智之举。因为晚上光线不好，我们可能没有办法知道自己降落在了哪里，这样太危险了。”

安娜点了点头，她可不愿意晚上乘坐热气球到处飞。

突然，背后传来一阵“嘶嘶”声，吓得安娜立刻回头去看发生了什么。原来，其中一位工作人员正在测试煤气燃烧器，正是燃烧器发出的声音，同时还喷出了巨大的火焰。安娜一家即将乘坐的吊篮侧躺在草地上。“这声音也太大啦！”安娜赶快把耳朵捂上了。

紧接着，工作人员举起鼓风机，开始往扁平的气球里吹气。气球渐渐地膨胀起来了。要让整个气球都充满气，可要花好长时间。与此同时，驾驶员伯伯开始给球罩里的空气加热。气球越吹越大，慢慢地，工作人员可以把吊篮立起来了。

其中一位工作人员开始给安娜一家介绍热气球升空后的注意事项。等到气球里充满热空气，工作人员把一台无线电设备、一个急救箱和一台灭火器放进了吊篮。然后，安娜和爸爸妈妈通过云梯爬上了吊篮。确认所有人员和物品都在

吊篮里之后，驾驶员伯伯拉动了好几下绳索，这样有利于煤气燃烧器加大火力，使火焰喷射得更高，气球里的空气受热就更快了。

终于，一切就绪。热气球开始缓缓上升，但是几乎没有什么感觉。工作人员向安娜一家挥手告别：“祝你们旅途愉快！”随着热气球越飞越高，地面上的人看上去越来越小。气球飞到树的上空时，安娜可以看到房子和教堂的屋顶，还有一条小路在丛林中蜿蜒，汽车看上去像玩具。在东边的天空中，能够看到太阳开始跃出地平线，放射出新的一天里的第一缕阳光。但是，这时候的气温还是很低。

为什么空气逃不出宇宙?

地球被空气包裹着，我们管这层气体叫大气层。大气层中的空气越向上就越稀薄。到达几十万米的高空时就没有空气了。在那里，大气层就会被真空的宇宙隔绝。

你是不是有过这样的疑问：为什么大气层里的空气不会跑到宇宙中去？如果真能那样就糟糕了，供我们呼吸的空气就会溜走了。幸好这种事情不会发生。

你可能听说过地球引力——当我们跳起来的时候，地球引力让我们不会飞出地球，而是始终会落回地面。同样道理，地球引力也将大气层中的空气牢牢地吸引在地球周围。当然，不得不承认，有些空气偶尔也会溜走。但是，溜走的空气微乎其微，人类几乎察觉不到它的流逝。

尽管气球离地面越来越远，但是安娜一点也不害怕。她仔细观察着在吊篮另一端的驾驶员，驾驶员伯伯很冷静，他有着丰富的驾驶经验。每隔一段时间，他就会检查一下热气球的火焰。即使风吹乱了他的胡子，他也是不慌不忙地捋顺。

安娜坚信驾驶员伯伯已经驾驶过那么多次热气球了，他一定能够把大家平安带回地面。

这时，驾驶员伯伯走到绳索边，加大了一些火力，于是热气球飞得更高了。

安娜的爸爸对如何驾驶热气球产生了浓厚的兴趣，他一直在向驾驶员伯伯请教相关问题。而安娜和妈妈则很享受这片刻的轻微摇晃。

安娜的妈妈兴奋地高呼："我觉得自己就像一朵云！"

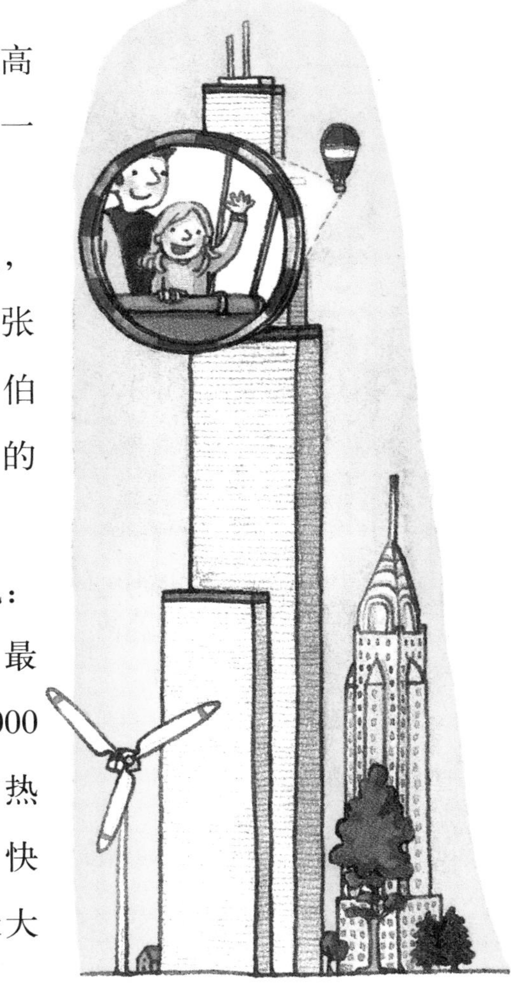

安娜把头伸出吊篮，沿着热气球的球罩向上张望，她好奇地问驾驶员伯伯："我们已经和天上的云一样高了吗？"

驾驶员伯伯笑着说："还没有呢，小姑娘。最低的云离我们还得有 1000 多米呢。现在，我们的热气球距离地面 700 米，快达到世界上最高的摩天大楼的高度了。不过，在这个高度上，偶尔也会有云。”

“天空究竟有多高？”她刚问完这个问题，就有点后悔了，“多么傻的问题啊！”

但是驾驶员伯伯却一点都不觉得傻，他捋了捋胡子说：“这应该算是一个哲学问题了！很难回答啊。从天空到宇宙，其实是一个过渡空间，所以天空究竟有多高，实在是一个很难回答的问题，天空分为好多层，所以我们才叫它大气层。最下面一层，也就是产生天气的那一层，只有 1 万米高，叫作对流层。在它上面还有好几层，其中人们最熟悉的是臭氧层。上升到 10 万米的高空就进入真空的宇宙空间了。”

听到这里，安娜又产生了新的疑问：“那么，我们的气球能飞到多高？”

驾驶员伯伯耐心又详细地给安娜讲解道：“再飞高几千米都没问题，可是到了那个高度就非常冷了，咱们恐怕受不了那么低的温度。而且，空气也会变得非常稀薄，我们呼吸起来都会变得困难，就得用到登山用的氧气瓶了。”

“在空中，我们有机会换个视角看看地上的人和建筑了。”安娜的爸爸兴奋地欢呼着，他看到了平时踢球的足球场，用照相机拍了好多照片，“到时候看了这些照片，足球协会的队友们一定会羡慕我的！”他的语气是那么的得意。

“爸爸说得对。”安娜心想，“从这里能看到那么多地面上的东西呢！”她从吊篮边上探出头去，看着下面。下面就是她居住的城市，有那么多的房屋、街道和停车场。周围还有草地和森林，其间有小路穿梭，再往西边是高速公路。然而，整座城市都笼罩在烟雾中。

臭氧——保护我们的有毒气体

臭氧是一种有毒气体，如果吸入臭氧，会对人体造成损伤。臭氧也会出现在我们周围，威胁我们和植物的健康。尤其是在夏天，火辣辣的太阳光会把汽车尾气和工厂废气转化成臭氧。报纸和收音机里经常会有关于“夏季烟雾”的报道。要是你在夏季烟雾里快速奔跑，会觉得肺有点烧，身体也很不舒服。这就是吸入臭氧的后果。但是另一方面，对于人类的生存，臭氧又是必不可少的。这是为什么呢？在 2 万至 3 万米的高空有一层由臭氧组成的大气层——臭氧层。臭氧层能够拦截太阳射出的有害光线，这种光线会烧伤我们的皮肤，还会引起严重的皮肤疾病，甚至是皮肤癌。因此，臭氧层就像一层保护罩，保护我们免受太阳的伤害。

臭氧究竟对人类是有益还是有害，这取决于它存在于大气层中的哪一层。

安娜不禁问道："为什么整座城市都雾蒙蒙的？"

"这是笼罩在城市上空的雾霾。"驾驶员伯伯解释道，"在这样的大城市里有太多汽车，还有工厂和供暖时产生的废气都排进了大气层。所有这些废气聚集起来，笼罩在城市上空，让天空变得阴暗。有时候甚至让人感到呼吸困难。我们管这叫作雾霾。"

驾驶员伯伯又拉了一下绳索，一股热浪涌进球罩，热气球又飞高了一些。这期间，无线电设备会不定期地发出声音，是驾驶员伯伯在用无线电跟地面的团队成员保持联络。地面上，协助热气球起飞的工作人员一直开着汽车，追赶热气球。

风把热气球带离了市中心。现在，热气球正飘过田野、树林和草地。这时候，安娜的眼底全是农庄和小村落了。在有些农庄旁边立着又高又大的白色风车，它们是用钢做成的，在风中缓缓地转动。从热气球上看下去，一切都显得那么宁静和谐。"好长的一条铁路啊！"安娜看着穿梭在田间的铁轨发出了感慨。

突然，驾驶员伯伯拉了拉另一条绳子，直到刚才安娜都没有发现还有这么一条绳子。紧接着，热气球的球罩上面出现了几个小洞。

"热气球上有几个洞呢！是不是有什么不太对劲？"妈妈的声音中略带一些担忧。

如果空气弄脏了

供暖设备、工厂的大烟囱和汽车都会不停地排出废气，污染空气。废气是有害健康的，它会使植物、动物和人生病。有些城市居民甚至感到呼吸困难，因为空气污染实在太严重了。幸好有一些聪明的发明，使得许多地方的空气质量得到了改善，比如：汽车尾气净化器、烟尘过滤器以及无铅汽油。

但由于发电所需要的煤、石油和天然气的燃烧是加重空气污染的主要凶手，所以研究人员在不断地寻找新的发电能源。同时，他们也在努力发明一种环保汽车，这种汽车不是用汽油来驱动的，而是采用绿色新能源。

驾驶员伯伯忍不住笑了：“不用担心，这是我故意弄的。通过这些小洞，我可以释放球罩内的一部分热气，让热气球降低高度。很遗憾，再过一会儿，我们的旅行就要结束了。我们得找一个合适的降落地点。我记得有一片草地，我曾经在那里降落过，但愿这次我们也能找到它。不过，我们可没有像飞机或者直升机那么准确的方向舵，能落在哪个方向全看运气。”

驾驶员伯伯灵活熟练地驾驶着热气球，一面慢慢给热气球放气，一面还要让煤气燃烧器重新生火。过了一会儿，他们顺利地找到了之前说的那片草地上。工作人员已经在草地附近迎接他们了，是驾驶员伯伯通过无线电设备把降落计划告诉他们的。

热气球缓缓下降，安娜几乎还没什么感觉，他们就已经降落到地面了。随着最后一下轻微的震颤，热气球稳稳地落在了草地上，四位乘客的脚又踩到了坚实的地面上。

在热气球之旅即将结束的时候，所有乘客都要接受驾驶员的“洗礼”。大人们都会得到一杯香槟，而递给安娜的则是一杯橙汁。驾驶员伯伯清了清嗓子，发表了简短的演说：“我特此证明，亲爱的安娜，以及她的爸爸妈妈，进行了一次非常正式的热气球旅行。你们是非常受人欢迎的乘客，随时欢迎你们再次乘坐热气球。”另外一位工作人员郑重地递给安娜和她的爸爸妈妈一本证书。

我们怎样利用风能

人类在几千年前就已经懂得利用风能来完成劳作，或者让它成为前进的驱动力，比如：人们用风车把谷物变成面粉；帆船的航帆借助风向前航行，而不是借助发动机。

近年来，人们也开始使用风能发电。我们常常能在郊野的平地上看到风力发电站。风力发电站看上去很像巨型的飞机螺旋桨。只要风一刮，风力发电站就开始生产电，既没有噪声，也不排放废气。

安娜还处于热气球旅行的兴奋当中。“人类真渺小，而天空真广阔！”她感叹着，“我要把证书挂在家里的墙上，等我长大了，我也要做一名热气球驾驶员！”她向驾驶员伯伯还有其他工作人员表达了感谢，感谢他们让她体验了如此美妙的热气球之旅。

空气是由什么组成的？

大气层中的空气是由许多种气体混合而成的，这些气体分子太微小，我们的肉眼根本看不见。

- 空气的主要成分是氮气。
- 空气中最重要的成分是氧气。氧气是我们生存所必须的，因为它是我们呼吸的养料。植物的叶片可以将空气中的二氧化碳气体转化成氧气，不过这要经过一个复杂的过程，也就是“光合作用”。假如没有植物的光合作用，我们人类和动物都将无法生存。因为我们需要吸入氧气，呼出二氧化碳。
- 二氧化碳同样是空气的组成部分。它不仅产生于人和动物呼出的气体中，物体在燃烧时也会释放这种气体。

✷臭氧和一氧化碳是大气层中另外两种重要的气体。城市里的空气质量非常糟糕，是因为汽车尾气和工厂废气污染了空气，形成人们所说的雾霾。而臭氧和一氧化碳就是雾霾的罪魁祸首。

保持空气洁净，我们可以做些什么？

其实每个人都可以为减少空气污染做点什么。在这里我们给出一些建议供你参考。要是你愿意开动脑筋想一想，肯定能找出更多的办法。

✷需要购物时，许多人会选择开车出门——即使面包店离家只有 5 分钟的步行距离。你可以跟爸爸妈妈一起反思一下，看看你们能不能改变这个习惯。或许你们可以一起骑自行车去购物，或者来个清晨漫步。

✷虽然开着车去球场踢球或者去上音乐课一定很方便，但还是建议你改乘城铁或者公交车过去。

✷你知不知道，车速越快，产生的二氧化碳也就越多？如果你们一家要开车进行长途旅行，请告诉你的爸爸妈妈，不要开得太快。

✷暖气也会产生废气，并且通过烟囱将废气排到室外。可以跟爸爸妈妈讨论一下，看看可以采取哪些措施，避免把暖气开到最大。比如，可以在屋里穿件厚毛衣；可以给门窗都贴好密封条；可以推迟开暖气、提前结束供暖。这样，节省下来的钱就能支付你们下一次的家庭旅行了！

✷还要注意，不要一整天开着暖气，又关着窗户。更加亲近自然又利于环保的做法是：在早晨和晚上这两个时间段给室内通一会儿风，同时把暖气关上。

✷有人习惯在晚上把所有房间的灯都打开，即使有些房间里根本没有人。正确的做法应该是人走灯灭，这样可以省电，政府也就用不着再增建新的发电站了。

✷检查一下你们家是不是还在用白炽灯。如果是，就去劝说你的爸爸妈妈，换上节能灯吧！节能灯可以节约电能哦。

✷即使处于关闭状态，很多家用电器仍然在消耗电能。这是由所谓的“待机”造成的。如果插座上有电源开关，就能帮助我们把诸如电视、电脑、立体声音响或者微波炉等家用电器真正关掉。

水——自然源动力

蕾娜一家的烦恼——让人头痛的干旱

干燥、炎热的一天又过去了，蕾娜和两个哥哥——尼尔斯、克里斯夫正坐在厨房玩“卡坦岛拓荒者”的游戏，他俩刚教会蕾娜游戏规则。

“你才 9 岁，就已经玩得这么好了，当初真不该把我的绝招都教给你。”已经 17 岁的尼尔斯开玩笑说。这时，蕾娜的爸爸忧心忡忡地走进了厨房。

“要是再不下雨，我们也就用不着再收割大麦了。”爸爸叹了口气说，“因为大麦就快要干死在地里了。”

蕾娜的爸爸妈妈经营着一家农场。尼尔斯和克里斯夫有时候会去农场帮忙，他们现在甚至都会开拖拉机了。假期的时候，他们还得帮忙照看农场里的二十头奶牛，尤其是要早起去挤奶。

早晨一起床，蕾娜总是第一个冲进农场。她喜欢穿着睡衣

坐在农场的栅栏上，等着黄色的收奶车开过来。牛奶商人很高兴每次装载牛奶罐的时候，蕾娜都帮他挡着门不被关上。蕾娜的爸爸有时候会叹着气说：“在农场总有做不完的事！”他最主要的工作是在田里种植不同的作物。

水——生生不息的秘密

不管是人类，还是动物、植物，都需要水来维持生命。如果没有水，人类和动物会渴死，而植物会干死。地球上大部分的水都储存在海洋里。而海水很咸，不适合饮用。世界上有很多地区都没有足够的清洁饮用水。为了避免干渴，他们不得不饮用水塘或井里的脏水，导致患上严重疾病，甚至死亡。

天气是蕾娜一家一个很重要的讨论话题。从她记事起，爸爸妈妈就很关心天气状况，因为不论下雨太多还是太少，日照太强烈还是不够充足，都会影响庄稼的收成。收成的好坏，决定着爸爸妈妈收入的高低。庄稼播种后，如果缺少水分，就无法发芽；如果雨水太多，种子又会被冲走。遇到暴风雨的天气，狂风和暴雨会将作物折断。复杂多变的天气状况会一直持续到收获的季节，所以蕾娜的爸爸才会这么关注天气。

院子里有各种各样的测量仪器，比如温度计、气压表、雨量计，它们能够帮助爸爸预测天气状况。除此之外，爸爸每天还会收听天气预报，当然还有口口相传的谚语，也有一定的借鉴作用。有趣的是，爸爸经常能比天气预报更加准确地预测出来，明天到底是艳阳高照还是阴雨绵绵。

今年夏天的天气太不顺爸爸的心意了。一开始很潮湿，在晚春的时候竟然有夜霜，许多幼小的植株被冻死了。现在进入了盛夏，却已经有两周没见过雨滴了，庄稼都干透了。蕾娜坐在院子里的干草垛上，摸着她的虎斑纹猫米娜。

蕾娜的好朋友莉莉从隔壁的农场踩着滑板车过来了，她开心地向蕾娜的爸爸问好：“叔叔您好！您看上去就像能让未来三天下雨的样子啊。”因为地面太干燥，滑板车经过的地方尘土飞扬。

“要是这样就好了。”蕾娜的爸爸忧心忡忡地说，“我们现在最需要的就是一场持续几天的绵绵细雨。”

“爸爸，有没有能让第二天下雨的‘咒语’呀？”蕾娜希望用这个问题让爸爸高兴起来。

“唉……看现在的天气状况，干旱还要再持续两天，就像过去的两周那样，后天才有可能下雨。”

“这样也不错呀，不是吗？”

“是呀，我的宝贝，看上去好像是这样。可是，如果下

的是电闪雷鸣的暴风骤雨，那咱们家地里的大麦就全完了，咱们将会颗粒无收。”

“先过来吃饭吧，反正咱们也改变不了天气。”蕾娜的妈妈打断了他们的讨论。

爸爸感慨了一下：“是啊！即便我有最先进的预测设备，也改变不了什么。还是妈妈说得对，咱们只能根据不同的天气状况来采取相应的措施。”

晚饭过后，爸爸看上去放松了很多。孩子们的欢声笑语也让他转移了很大一部分注意力。“我出去一会儿，看看农场情况如何。蕾娜和莉莉，你们要不要跟我一起去？”

“好呀！”两个女孩兴奋地答应了。

“赶快走！”蕾娜想，“在妈妈还没反应过来我该上床睡觉之前，最好赶快出去。”

他们出门的时候，天已经擦黑了。紫红色的云霞浸染着天空，几只燕子在他们头上叽叽喳喳地盘旋着。

“你们看见那些燕子了吗？它们飞行的高度与天气状况有关：如果它们飞得很低，可以判断出在未来几个小时内将要下雨。这是因为它们的猎物——蚊子和苍蝇——在空气

湿度较高的时候，就会飞到离地面较近的地方活动。人类的祖先早就观察到了这一现象。”爸爸一边走一边说，“依靠丰富的经验和对自然界的细心观察，我们可以预测未来几小时的天气状况。”

“咦？”爸爸突然叫了一声，“看起来怎么比昨天的状况还要糟糕啊！”

如果沃土变成沙漠

并不是世界上的每一个地方都会频繁地下雨。比如在非洲，有时候甚至连续数周都不见雨滴，作物会干死在地里，人们也就没有食物可以吃了。在新闻里我们也会看到干旱造成的严重灾害。

持续的干旱会让湿润肥沃的土地变成草原。如果雨水太少，加上动物对草原的啃食和践踏，土地就会干旱得更厉害，反过来也很难再生长植物。于是草原会变得更加贫瘠，最终退化成沙漠。如果人类不能及时采取补救措施，这里就会变成不毛之地，居住在这里的人们也不得不迁移到别的地方去生活。

蕾娜和莉莉听得太入迷，没有注意脚下的路，差点在大麦地里跌个踉跄。蕾娜定睛一看，不禁咽了一大口唾沫：田地里有些地方已经出现裂口了，看上去好像地震后的地面。不过这些裂口可不是由地壳运动产生的，而是由于最近一段时间严重的干旱造成的——植物已经干得耷拉下了脑袋。

地下水——饮用水的主要来源

下雨时，雨水会慢慢渗入泥土，穿过一层层的岩石和砂石，这些地层像过滤器一样，将雨水过滤净化。到了一定的深度，就会出现一个不透水的岩层，阻止雨水继续向下渗透。雨水最终汇集到一个被称为地下水的区域，其实这是一个地下湖。我们的饮用水主要来源于这些地下储备。为了提取地下水，自来水厂通常会钻出一些泉眼。

如果居民、农田和工厂同时使用地下水，地下水位就会迅速下降。单纯依靠降水使地下水蓄满，需要很长的时间。

有时候，我们的饮用水也来源于江河。但是在我们饮用以前需要加工处理，费用非常昂贵。

“你们看，大麦需要马上得到雨水的滋润，不然就会干死或者生病。”蕾娜的爸爸焦急地说。

“我们可不可以用花园里的橡皮水管来引水浇地？”蕾娜出了个主意。

“人工灌溉确实是一种办法。”爸爸说，“不过，用橡皮水管来浇这么一大片地，可是一项巨大的工程啊！想要浇完这片地，大家非通宵干活不可。而且最好能使用大型的喷水装置。”

莉莉提出了疑问：“可是，我爸爸说，要是不下雨，过不了多久，我们就没有水可以用了。”

“也没有那么糟糕，”蕾娜的爸爸安慰莉莉说，“不过我们确实应该节约用水。现在，由于地下水位下降严重，我们需要用泵不断地抽取储存在地下湖里的水。可是要想再次蓄满地下湖里的水就需要很长时间了。所以我们很期待下雨。”

“以后我们不但要节约用水，还要谨慎用水。”爸爸接着说，“农民会在田地里使用肥料和农药。肥料可以促进作物生长，农药可以让作物抵御虫害。但是，这些物质不仅会残留在作物上，还会随着雨水渗入到泥土当中，流入地下湖或者河流。肥料和农药中的有毒物质会毒死动物和植物，同时污染饮用水。然后呢，我们就要花费巨资来净化水源，使水质能够达到饮用标准。因此，停止这些污染水质的行为，并改用绿色环保的种植方式是十分重要的。”

什么是真正的无公害蔬菜水果？

你一定在超市里见过印有“无公害”标志的食物，这种食物来自于生态农场。一般情况下，农民会往菜地里喷洒农药，来防止作物受到病虫害的侵扰。除此之外，还会投撒不同种类的化肥，来让作物长得更大，让水果更加美味多汁。

相反，在生态农场，农场主要尽可能地保证作物的天然状态。这里不使用农药，取而代之的是更为环保的种植方式，比如想要消灭一种害虫，就投放以这种害虫为食的另一种昆虫。虽然没有经过施肥的无公害水果和蔬菜比不上施过肥的水果和蔬菜那么好看，甚至有时候会有些虫眼，但是口感却要好得多。最重要的是，不使用农药的食物更健康，更环保！

蕾娜若有所思地点了点头："怪不得爸爸妈妈几年前就开始从事无公害农业了呢！"

这会儿，太阳快要落到地平线以下了，莉莉跟蕾娜和她爸爸告了别，就踩着滑板车回家了。蕾娜和爸爸也返回家里。电视里播放着晚间新闻，新闻播报员正在播报连日来非洲遭受的洪灾：暴雨冲毁了庄稼，甚至把整个村子都冲走了，光是今天一天的雨量就达到了那里往年一个月的降水量。

"就跟《圣经》故事里说的大洪水一样。"蕾娜打了一个寒战。电视画面中，洪水即将漫过屋顶，绝望的人们坐在屋顶上等待救援。"等到洪水退去，房屋也会垮掉吧？

那么曾经住在那里的人就都无家可归了。”想到这些，蕾娜觉得很伤心，“不过值得庆幸的是，马上就会有人来营救他们了。”

现在，画面中出现了一架直升机，人们爬上直升机放下的绳梯，终于到达了安全地带。

“雨下得太少不好，下得太多也不是件好事。”蕾娜心想。

第二天，太阳照常升起又落下。傍晚时分，爸爸神采奕奕地说：“孩子们，我要请你们吃冰淇淋，因为天气预报终

于预报有雨了！希望这场雨能够及时到来，不然，大麦就真的要干死在地里了。”

预报果然没错，第二天早上天空一片灰暗：乌云密布，把太阳光遮得严严实实。到了下午，终于开始下雨了。一开始，雨点只是一点一滴地落在龟裂的土地上。接着，雨越下越大，一连几个小时没有间断过。这可乐坏了蕾娜一家人，因为庄稼得救了。

水循环

地球上的水永远都处在循环之中：来自地面、地底、河流、湖泊和海洋中的水被太阳蒸发后，以看不见的蒸汽形式跑到空气中去。一旦遇到冷空气，又会液化成小水滴，成为可以看见的云。这些小水滴聚成雨滴。等到雨滴够大够重了以后，就会落到地上，渗到泥土里。渗到土里的水会汇集成地下水，经过一段时间以后重新来到地表。

想象一下，你今天用的洗澡水，很久以前曾经从河里流向海洋。它们慢慢蒸发，又成为云朵里的水滴。在这期间，它们或许被一只大象喝掉，或者被树根吸收。现在，它们又从淋浴喷头里喷洒出来。之后它们又会去哪儿，还没人知道。但有一点是肯定的：它们永远都处于循环状态之中！

保护水资源，我们可以做些什么?

✷你知道吗，我们每天所使用的水中，有1/3都是用于冲马桶的。要是你家使用的还不是节水马桶的话，赶紧说服爸爸妈妈去换一个节水马桶吧!

✷注满一个普通浴盆需要近200升水。所以洗澡最好采用淋浴，而不是盆浴。

✷许多人认为手洗餐具对环境更好，这是一种错误的观念。实际上，用洗碗机清洗餐具用水比较少。选择手洗餐具的话，就请注意不要一直开着水龙头!

✷漏水的水龙头也是一大祸害——只要一天时间，滴水的水龙头就能白白浪费掉20升水。如果家里再遇到这种情况，要记得在第一时间找爸爸妈妈把水龙头修好哦!

✷刷牙的时候也要节约用水。刷牙的过程中不要开着水龙头，提前用杯子接好水。要是你们全家都能这样做，会节约不少水呢!

✷洗涤剂或清洁剂会污染水质，使用的时候应当尽量选择对环境危害较小的产品。此外，平时最好少用这些清洗剂。

遭遇极端天气状况

暴雨、冰雹和洪水——保罗经历了一场暴风雨

今天是个阳光灿烂的美好夏日，保罗正在花园里用他的新自行车练习障碍骑车。障碍车道是他用塑料瓶设置的。在绕过最后一个瓶子之后，他来了一个急转弯。超过终点线的那一刻，他兴奋地大声欢呼：“哇！新纪录！”

可是保罗的妹妹琳琳却对哥哥的障碍骑车并不感兴趣，她正专心致志地用铲子在沙盒里铲沙子，一铲一铲地把自己的毛绒玩具埋起来。

保罗打算一会儿去找好朋友亚历山大玩。亚历山大住在山谷里，他家边上有一条小河，那里是保罗和亚历山大最喜欢的游乐场。他俩想要一起玩的时候，就会来到小河边。在那儿可发生过不少惊心动魄的故事呢。保罗想起去年他们曾经用一些木板制作了一艘海盗船,没想到一直保存到了现在。

“真是太热了！”保罗被高温打断了思路，他擦了一下额头的汗。高温加上障碍骑车，让他全身大汗淋漓。皮皮懒洋洋地趴在草坪上，热得把舌头伸出来，急促地喘着粗气。皮皮是保罗家的狗，是几年前保罗的父母从动物领养站带回来的，当时皮皮还很小呢。

现在气压很低，空气也很潮湿，感觉简直跟万斯先生的温室一样。万斯先生住在旁边那栋楼的一层，保罗曾经把足球踢到过他家。

“真奇怪！”保罗很纳闷，“太阳也不出来。”天上飘来朵朵乌云，组成了厚厚的云层。远处的天空上乌云更加厚重，云层下面漆黑一片，而云层上面却是一片光明。“这些乌云长得可真像巨型菜花。”保罗心想。“奇怪，那个低沉的轰隆声又是什么？”皮皮抬起头来，用它灵敏的鼻子嗅了嗅，耳朵也竖了起来。

保罗的妈妈站在露台上呼唤他们：“保罗、琳琳，你们现在必须马上回家。收音机里刚刚发布了暴雨警报。马上就要有强风和暴雨了，还可能有冰雹！”

“这算什么！”保罗大声回答，“我可以在雷雨中骑着自行车风驰电掣。我才不怕呢！我现在要去找亚历山大。”

妈妈趴在栏杆上，微笑着对儿子说：“雷雨来的时候，自行车可帮不上你的忙。虽然用不着害怕，但还是要注意安全。在它到来之前，你最好还是先进屋来吧！雷雨天不应该待在室外，而应该在室内或者其他安全的地方。”

“可我跟亚历山大约好了，怎么办？”

“只好推迟了。没准一会儿就雨过天晴了呢！到时候我也可以陪你一起骑车过去。”

“好，那我马上就进屋。”保罗向妈妈保证，“我先在院子里玩一会儿，只要感觉有一滴雨落下来，就立刻跑回家。”保罗家在一座小山丘上，那里视野非常开阔，可以看到暴风雨从哪个方向袭来。保罗聚精会神地看着厚重的乌云如何从西南方向一点点蔓延过来。爷爷总是说：“那里是天气恶劣的地区，坏天气总是从那里过来！”此刻，乌云越来越厚重，而在乌云之上又有刺眼的光线散射出来。轰隆隆的雷声慢慢逼近了，越来越响。

琳琳听到第一声雷响的时候，吓得把小铲子丢在地上，撒腿就跑进了屋里，皮皮笨拙地跟在她后面。妈妈站在门口，差点来不及给他们腾出地方。不过，这丝毫不影响他们冲进屋里的速度，他俩很快就躲到沙发后面去了。

什么是雷雨?

雷雨多数出现在夏季的午后，又热又湿的时候。夏季的高温使雷雨云中产生强劲的风，在风的作用下，云层中的水滴和冰雹不断地上下翻滚。这样，就会产生一个电场，并突然释放出闪电，闪电使空气迅速加热。由于加热的过程太快，因此空气就像爆炸一样，迅速膨胀扩散。于是就产生了雷，我们看到闪电后，立刻就能听到雷声。

“为什么闪电那么亮，雷声又那么响？”保罗想不明白，他决定一会儿问问爸爸妈妈。黑黑的云越来越近，一阵凉风横扫院子，啪嗒啪嗒，几颗粗大的雨点急促地落了下来，像是暴雨的先头部队。

突然，闪电划破了天空，新一轮雷声接踵而至。“闪电跟雷声有什么关系呢？”保罗认真地思索着。雨点越来越急促了，他这才意识到自己还站在外面。“我最好赶紧进屋，不然妈妈又要担心了。”他赶忙把自行车推进仓库，等到出来的时候，雨点更大更密了，噼噼啪啪地砸在他的身上，他一低头加速跑进了家门。

这时，爸爸正好下班回到家里。他解开领带，舒了一口气：“今天的天气闹了点小脾气。还好，我回来得正好。广播里说局部地区还会有龙卷风呢！”

琳琳正在沙发后面抱着小狗皮皮，皮皮还惊魂未定，打算钻到客厅的桌子底下。听到“龙卷风”这个词，琳琳立刻发出了尖叫，搞笑的是其实她并不知道龙卷风是什么。

最具破坏力的旋风——龙卷风

龙卷风这种极具破坏力的天气现象主要出现在北美地区，它会出现在天气非常糟糕的雷雨天。在雷雨大作的时候，天空中的云开始旋转。就好像一个巨大的吸尘器管沉下去，吸尘器管的“吸嘴”又突然从地面钻到云层里。“吸嘴”里的风特别强劲，甚至连房子都能整座拔起！所以说，龙卷风威力巨大，所到之处都会被彻底破坏，幸好我们这里很少有龙卷风。

尽管现在才下午五点，可是外面已经一片漆黑了。紧密硕大的雨点猛烈地敲打着窗户，漆黑的天空还会不时被闪电划破。在闪电亮起的一瞬间，院子被照得十分明亮。保罗看到狂风无情地晃动着花园里的树和灌木丛。每道闪电过后，都会紧跟着一声震耳的响雷。

“真恐怖！”保罗靠近爸爸问道，“亚历山大在山谷里也能听到这么大的雷声吗？”

“当然啦！”爸爸一手搂着保罗，又张开另一只手，让琳琳也靠近自己的身边，“别怕，孩子们！咱们待在屋里很安全。而且几个星期以前，我就在屋顶安装了避雷针。如果有闪电过来，避雷针会把电流引向地底。”爸爸安慰着两个孩子。

保罗回忆起不久之前，有一道闪电击中了隔壁的农场。闪电的热量把农场的屋顶点着了。如果不是消防员及时赶到，整个农场很可能都会被烧成灰烬！

现在，外面看上去好像这个世界即将毁灭一样，粗大、密集的雨点变成了冰雹，用力地砸到屋檐上，狂风咆哮着在院子里穿梭。

“天呐！冰雹要把我的花都砸死了！”保罗的妈妈尖

叫着。

“希望咱们的汽车不要被冰雹粒砸出坑。”爸爸也有些担心。

琳琳吓得打起哆嗦，钻到了妈妈怀里。妈妈安慰她说：“在屋子里根本用不着害怕打雷。咱们在这里很安全，什么事都不会发生。在雷雨天，如果你在外面到处乱跑，才真的会有危险呢！”

这场雨看样子一时半会儿是不会停了。雨水在外面的街道上汇集成了一条小河，顺着斜坡往下流，流到低洼处就汇成了一个大水坑。

过了一会儿，终于不下冰雹了。闪电出现的次数也越来越少，雨慢慢地停了下来，天空开始放晴。

保罗跟爸爸一起来到花园，看看这里有没有遭受什么损失。爸爸轻叹一口气说：“虽然冰雹把花花草草弄得乱七八糟，不过幸好汽车没有被砸坏。”

保罗看了一眼通往山谷的街道：“那里怎么了？怎么有那么多人站在亚历山大家门口？快看！爸爸，他们家一定是出什么事了！”保罗的语气有点激动。

爸爸也看到了那边的情况，他拉着保罗向那边走去：“跟我来，咱们去看看能帮上什么忙。”

远处传来了消防车的警笛声，不一会儿就有一辆消防车经过他们身边，停在了亚历山大家门前。保罗和爸爸跟在消防车后面大步跑着。保罗注意到流经亚历山大家后面的那条小溪，这里平常流水潺潺，保罗和亚历山大经常在这里玩海盗游戏，亚历山大很喜欢站在“海盗岛”上把石头扔到对岸。但是现在完全不是那番景象了：小溪变成了湍急的大河，夹杂着又长又粗的树枝、垃圾和废旧物品，奔腾到岸边后又汇集到桥下。这么大量的水不能很快流走，于是在桥的前面汇集成了一个小“水库”。保罗完全找不到以前玩耍的地方了——他们的“海盗岛”已经被水淹没了。

这些又脏又黄的水全都汇聚到了亚历山大家的门口，可以看到，已经有很多水流进了他们家的走廊和地下室。保罗看到亚历山大站在二楼的窗户边上，立刻冲他招了招手。亚历山大也冲保罗招了招手，然后就把头藏到窗帘后面了。消防员从消防车上拉出橡皮水管，接到一个大型水泵上，准备把地下室里的脏水抽出来。橡皮水管抽出来的脏水被排进了河里。还有三名消防员正试图把聚集在桥前的粗树枝、垃圾和杂物移开，这样才能保持水流通畅。

有几个老邻居过来围观，纷纷议论着。有人说：“希望我家的地下室别进水。”另一个说：“很久都没有过这么厉害的暴雨了。”

一位年轻的邻居也参与到了讨论中来：“我从来没见过

这么狂暴的雷雨！这都是气候变化造成的！我们在新闻上看到的所有气候灾难，飓风、台风、热带气旋和风暴……告诉你们吧，这些以前根本就没有！”

一个戴金丝边框眼镜的胖男人反驳道：“得了吧！气候变化不过又是一个不让我们开车的借口罢了，根本不能证明这跟气候变化有关！”

“这个人真无知。”保罗心里有点生气。他原本也想说点什么，可他看到亚历山大穿着橡胶靴站在家门口，就顾不上说了。

“嗨，保罗，咱们今天不能一起玩了，因为地下室和走廊全都进水了，我得帮爸爸妈妈收拾打扫。”

亚历山大的爸爸也站在门口，他穿着一条橡胶背带裤：“你们好啊！真糟糕！住在小溪边就是容易发生这样的事！”

保罗的爸爸问 ：“我们能帮上什么忙吗？”

“感谢你们能够来帮忙！消防员已经承担起了全部的工作，等他们走了之后，我们再洗洗擦擦、打扫、烘干就可以了……你们要是有时间，到时候可以帮我们打扫一下。非常感谢！这场雷雨是不是也给你们带来了一些损失？”

“有一点，不过还好。就是花园里的花都毁了。好了，咱们开始干活吧！”说着保罗的爸爸卷起了衬衣的袖子。

年轻的消防员们不一会儿就把屋里的水抽得差不多了。

飓风是怎么形成的?

飓风是一种强有力的气旋风暴，直径可以达到1000千米。风暴云形成白色的螺旋云，其中心是无风的“飓风眼”。飓风的中心没有一丝风，但是围绕在“飓风眼”周围的风却以极高的速度进行着破坏：掀掉屋顶，把大树像火柴一样轻而易举地折断。因此，每次飓风都会让很多人遭受损失。

飓风一般形成于热带洋面，温差使得海面上的空气变成剧烈的风。飓风还有许多别的名字：比如台风或者热带气旋。在澳大利亚，人们把飓风叫作“Willy-Willies”。

两个爸爸和亚历山大的妈妈挥舞着扫帚和抹布开始打扫。而保罗和亚历山大则仔细地观察着消防员叔叔是怎样把仪器和工具收拾起来运走的。河水的水位线还是比平时高很多，不过慢慢地就降落到正常高度了。

几小时以后，所有浸过水的地方都干得差不多了。保罗想：“幸亏客厅里没进水。”

亚历山大的爸爸衷心地向保罗爸爸和保罗表达了感谢：

“感谢你们的帮助，周末来我们家一起吃晚饭吧！”

保罗的爸爸笑着说：“不用客气。不过我不会拒绝你的邀请，因为我知道，你夫人的厨艺好极了！”说到这里，保罗立刻回忆起上次亚历山大的生日聚会上吃到的美味肉丸，“到时候一定有很多好吃的东西！”他想到这里就很开心。

父子俩在回家的路上发现邻居家花园里的椴树被折断了，树枝倒在了门前的草坪上，旁边还有些被狂风从屋顶上扫下来的瓦片。

吃完晚饭之后，全家人一起收看当地的新闻。保罗和琳

琳今晚可以破例晚睡一会儿。小狗皮皮从白天的兴奋趋向平静，已经回到走廊上的狗窝里准备睡觉了。新闻报道了白天那场剧烈的暴风雨。暴风雨袭击了整个地区，幸好只造成了一些财产损失，没有人员伤亡。大风将许多人家屋顶上的瓦片掀掉，抛到了街上，甚至还将一些大树连根拔起。

“看！”保罗从沙发上跳了起来。电视画面中，可以看到桥下湍急的水流，后面正是亚历山大家的房子和他们忙碌的身影。“不知道亚历山大有没有看到新闻。”他想，“不论怎样，明天早晨去学校，可有讨论的话题了。另外我们可怜的海盗岛也必须重建了。”

可怕的冬日风暴

欧洲虽然没有飓风，但是到了冬季会出现具有同等破坏力的暴风。暴风也像飓风一样形成于海面，之后携带巨大风力横扫欧洲大陆。

暴风的风速和汽车行驶在高速公路上的速度差不多，随之而来的强降雨经常给人们带来巨大的损失。一旦遇到这种可怕的灾害天气，河水就会冲向岸边，大风把屋顶的瓦片掀掉，把树木、广告牌和路标等吹得东倒西歪。

如何应对雷雨

- 在现代建筑里你完全用不着担心雷雨，因为几乎所有建筑的屋顶上都安装了避雷针。避雷针是一根很粗的金属丝，可以将闪电释放的电能导入到地下。要注意的是电视、电话以及电脑等家用电器应该在雷雨天关闭电源。

- 雷雨天坐在汽车里非常安全。很久以前有个叫法拉第的人发现，当人坐在金属笼里时，雷电不会对人造成任何伤害。汽车就相当于一个金属笼。

✷尽管雷雨天坐在汽车里很安全，但是遇到暴雨和冰雹，就不要继续行驶了，因为这时候视线很差，最好找一个安全的地方停一会儿，等雨停了再走。

✷雷雨天不能骑自行车，不能在户外接打手机，也不能去海边游泳，身处空旷之地不要携带金属物品（比如手机）。这些都太危险了！

✷如果在野外遭遇雷雨，千万不要躲到树底下。高树和高塔更容易吸引雷电！如果周围没有避雨的屋子或棚子，就寻找空旷地面最低凹的地方。蹲下来，双腿并拢，把身体蜷缩。千万不要平躺着，否则一旦有闪电击中你附近的地面，电流会经过你全身！

海洋和沿岸的
居民有危险了！

扬思和劳拉一起拯救海滩

“幸好今天是星期六，可以不用去上学了！”想到这里扬思略感欣慰，因为他真的很累。昨天晚上，大风一刻不停地敲打着他的窗户，风刮了一宿，因此他总是被吵醒。扬思现在很没精神，也没有胃口吃他面前的果酱面包。但是爸爸妈妈正在兴奋地聊着天。“经历过这样的夜晚，他们是怎么保持这么旺盛的精力的？”扬思感到很惊讶。

雨停了，天空开始渐渐放晴，风吹着云彩走，风力明显小了许多。扬思的家在海边，在二楼就能看到堤岸——堤岸的作用是防止海浪冲上陆地。在堤岸的后面是海滩，前面是辽阔的海洋。

扬思最喜欢做的事就是站在堤岸上眺望远方：视野可以延伸到海天相接的地平线，视线之内除了无边无际的大海之外，还会有成群吱吱嘎嘎的海鸥和许多大大小小的船只——小帆船、大一点的捕鱼船以及运送着上百个各色集装箱的巨型货轮。爸爸曾经告诉扬思：货轮会行驶到世界各地，从遥远的地方带回木材、服装和像香蕉和菠萝这样本国缺少的食品。

地球——蓝色的星球

我们在宇宙中看到的地球，跟站在地球表面上看到的脚下的地球是完全不同的。据宇航员介绍，在宇宙中看地球时，它是一个蓝色的球体。因此，我们也把地球称为“蓝色的星球”。地球的蓝色来源于辽阔的海洋，海洋广阔地分布于地球表面，约占地球总面积的71%，海洋散射出的光是蓝色的。而陆地面积还不到地球表面积的1/3。

扬思把小面包放进盘子里，边伸懒腰边打了一个大大的哈欠。收音机正在播报新闻，他突然想起来，上次风暴过后，海滩上有好多被海浪冲上来的漂亮贝壳。“爸爸妈妈，一会儿咱们去海边捡贝壳怎么样？”他刚发出提议，就听到新闻中说：“昨夜，受严重的风暴潮影响，一艘货船在海滩搁浅。船体裂缝造成发动机燃料和重油泄漏并流入海洋。救援人员和环保工作者正竭尽全力防止海面和海滩的污染物扩散。接下来是体育新闻……”

扬思的爸爸妈妈忧虑地看着对方。妈妈叹了一口气说：“天呀！我们美丽的海岸受到了石油污染！”

扬思想到会有很多海鸟和鱼都死于这场石油污染，于是问爸爸妈妈："我们能不能采取一些行动来拯救受灾的海洋生物呢？"

爸爸无奈地耸了耸肩："很遗憾，我们无能为力，只能祈祷泄漏出的石油没有那么多。"

几天后的一个下午，扬思在自己的房间里看书，小狗皮波正躺在他的脚边打呼噜。睡梦中的皮波一边发出哼哼声，一边不时晃动几下前蹄。"皮波一定又梦到自己成功地抓住了一只小兔子。"扬思想。这时，门铃响了。他房间的门是虚掩的，所以他能听到妈妈去开门的声音。

"您好，阿姨，希望没有打扰您。"门口传来的像是隔壁家劳拉姐姐的声音。她今年 17 岁，已经上高中了。扬思和妈妈上次在步行街上遇到过她，当时劳拉正在海滩上为环保组织筹集善款，来救助海水污染影响到的海鸟。扬思很喜欢这位邻居姐姐，因为她每天都很阳光，而且热爱动物。

"劳拉来干什么呢？"扬思有些好奇。他决定走下楼梯来一探究竟，小狗皮波听到声音也从美梦中醒了过来，紧紧跟在他身后。

"嗨，扬扬（扬思的昵称），太好了，你也在家！"劳拉很高兴见到扬思，"我想来问问，你和你的爸爸妈妈是否

愿意帮助我们。你们一定已经听说货轮漏油的事情了。我们环保小组的成员现在要出发去协助清理海滩，救助海鸟。我们欢迎每一个人加入！”

“好呀！”扬思对这个提议很感兴趣。

妈妈却有些顾虑：“我们不会影响你们的救援工作吗？”

“不会，当然不会！漏油货轮上的船员已经得到援救，接下来的几天会先对货轮进行修复，然后试航。”劳拉向扬思的妈妈讲述目前的工作进展。

“这样的话，我们很愿意去加入你们的清理和救援工作。”扬思的妈妈消除了顾虑，“海滩毕竟是我们大家的，我们大家都应当为它的洁净做出自己的努力。”

“你们有橡胶靴和手套吗？”劳拉不忘提醒，“漏油又脏又黏，一定要做好保护衣物和皮肤的准备工作。如果有需要，还可以从消防员那里领防护服，等到工作结束，可以直接丢弃。”

“橡胶鞋和手套我们都有。”扬思的妈妈确认了一下，“我叫上扬思的爸爸，咱们就可以出发了！”

没过多一会儿，他们一家三口就骑着自行车到了海滩——小狗皮波也跟着一起过来了。“虽然现在风暴已经减弱，但是顶着风骑自行车还是很吃力。”扬思累得气喘吁吁。

现在的海滩跟夏天时一样热闹，许多年轻人穿着橡胶靴，戴着手套聚集在一起，等待着环保小组的工作人员分配任务。大部分人都穿着白色的罩衣，有些人甚至翻出捞鱼时穿的橡胶背带裤来保护自己。远处，扬思还看到了警察和消防员。他们正在向志愿者分发铁锹、提桶和防护服。媒体记者也赶来了，摄制组正在采访志愿者，还有几位记者奔跑在沙滩上拍摄照片，打算刊登在明天的报纸上。

扬思望着大海，受到污染的海水像糖浆一样黑乎乎的。等到太阳光从云彩背后照射出来的时候，可以看到海面上又黑又油。扬思不禁咽了一大口唾沫，然后更加仔细地观察着：沙滩上布满了一坨坨又黏又黑的油污。

扬思嘀咕着："真恶心，我可不想在这样的水里游泳。"

劳拉听了小声对他说："更重要的是你根本不能。因为这样的海水不管是对动物还是人类来说都是有毒的。"

扬思用忧虑的目光看着劳拉："你该不会是说，我们今年夏天不能在这儿游泳了吧？"每到暑假，扬思就会跟小伙伴们一起来到海滩，踢踢沙滩足球，再冲进海里痛快地游泳。他通常会把游海泳当成是一种勇气测试，因为即使在盛夏，这里的水温还是很低的。

"等我们把一切都清理完毕，沙滩就会恢复以前的样子了。"劳拉解释道，但又不是很有把握地加了一句，"但愿能恢复。"

扬思的爸爸有些气恼地问："罪魁祸首现在在哪儿？"

"正搁浅在沙滩上呢，得不到救援的话，它是没办法返回到海里的。现在，船体上的裂缝已经被封堵住，暂时不会再有油污泄漏出来了。"劳拉把她知道的情况说了出来。

扬思也抬头看着这艘船：它无辜地斜躺在沙滩上，离海岸有几百米的距离。在货轮前面有一艘消防船，扬思清楚地看到消防船上有纤绳。

他问劳拉："你知道那艘红色船的后面拖的是什么吗？"

劳拉解释道：“这是一种特殊的收集油的仪器。油比水轻，因此油漂浮在水面上，这种仪器利用这个原理，可以把海面上的油撇得相对干净一些。”

扬思的爸爸有点不耐烦了，他希望马上开始工作：“咱们就不能做点有用的事吗？我现在去领铁锹和水桶，我们不就可以收集一些沾了油污的沙子和石块了吗？”扬思和爸爸开始排队领工具。不一会儿，他们就从消防员那里领到了一套大水桶和铁锹。

“请等一下，”父子俩正要转身离开，消防员叫住了他

们，“穿上罩衣吧，可以保护你们的衣服不沾上油污。一旦被油污沾上，就像是黑色的口香糖一样怎么也弄不掉的。”

石油是怎样污染海洋的?

油船如果泄漏，多数情况下都会造成海域大面积的污染。海洋和海岸会长时间受到污染的影响。这种石油污染会给植物、海鸟、鱼和其他沿海生物带来生存威胁！

其实，即使不发生漏油事故，海水只要接触到石油，就会使海洋中的生物遭受威胁。比如，在未经允许的情况下，油船在公海用海水清洗船体，再把含有油污的脏水排进海里；还有海上钻井平台，它们把石油从深海中抽上来的同时，也在破坏着海底世界。

扬思一家开始工作了。妈妈把油污铲进水桶，爸爸把装满油污的水桶提到指定地点清空，然后他们互换工作。如果里面装的是沾满油污的沙子，水桶就会特别沉，一个人根本提不动，两人就会一起提过去。等到清理工作结束，大家收集来的油污垃圾会被送到特殊的垃圾堆放处进行处理。

在爸爸妈妈忙碌工作的时候，扬思负责在海滩上寻找其他受到石油污染的地方。这并不难，因为整个海滩布满了大大小小的污染物垃圾堆。不过扬思发现，这里不仅有油污，还有数不清的塑料袋、塑料瓶等其他垃圾。于是，扬思也把它们扔进了水桶。

“既然有人带了个好头，我们也向他学习，把普通垃圾也顺便收进来吧！”爸爸对妈妈表扬了扬思。

海洋不是垃圾桶

不少人在海滩野餐过后忘记带走垃圾；许多沿海居民把他们没有经过过滤净化的废水排向大海；一些工厂更是直接把工业废水排进大海里……

内陆河流中的有毒物质最终也会流向海洋。有些人认为海洋是很好的垃圾填埋场，海底是垃圾理想的藏身之处。可他们没想过，鱼类或者像海豚这样的哺乳动物如果把垃圾当作食物吃掉，或者被垃圾缠住的话，可能会很痛苦地死去。

突然，扬思听到了一阵狗叫声。“是皮波！”他对爸爸妈妈说，“我去看看它怎么了。”从远处看，皮波正在一堆黑色物体前呜呜低吟。

“真恶心！好大一坨油污。”扬思一开始这么想，但想想皮波会这么叫一定是发现了什么。等他走近一看，才发现原来这是一只全身都被石油污染了的海鸟，它已经不能动弹了，而且嘴还被塑料绳缠住，完全张不开了。“这个可怜的小家伙，看着真让人心疼。”扬思心里很难过。他现在被一股怨气包围着——都怪这起漏油事故！“爸爸妈妈，快过来呀！”

爸爸妈妈和劳拉一起跑了过来。看到海鸥，劳拉说：“唉，这已经是目前发现的第十只由于石油污染造成伤害的海鸟

了，希望别再有更多了。”

扬思一家疑惑地看着她。劳拉继续解释：“事故后的海面还像往常一样平静，所以海鸟不明所以地像往常一样落在海面上休息、捕食。泄漏出的石油让海水变得黏稠。海鸟的羽毛沾满了石油，动弹不得，水里的鱼也无法呼吸了。”

“太可怕了！”听到这里，扬思的妈妈非常难过。

“是啊，对于那些鱼我们没法施救了，许多海鸟也无法幸免，我们只能把幸存的海鸟带回海鸟救助站。”

扬思很好奇：“把海鸟送到救助站之后，能为它们做些什么呢？”

“在那里，会先给这些可怜的小鸟一些食物，然后让它们安静地休息一两天。想象一下，海鸟为了让自己挣脱油污的束缚，甚至会吞咽沾在羽毛上的石油，很多海鸟都无法逃过这一劫。这位是施密特先生，他是海鸟救助站的站长。”劳拉指着一位提着篮子走过来的先生说。

“您好，施密特先生。这里又发现了一只可怜的海鸟，是他发现的。”劳拉指着扬思对施密特先生说。

施密特先生向扬思一家问好，还跟扬思握了握手。然后他小心翼翼地把这只沾满油污的海鸟放进了篮子里。“让我们一起祈祷它能够渡过难关吧。能够被发现，说明它运气还不错。”施密特先生对扬思说，“它嘴上的塑料绳恰好可以防止它因为想要清理自己的羽毛而吞下更多的油污。”

扬思有点担心地问：“接下来你们会怎么照顾它？”

“要感谢像劳拉这样的志愿者们，他们会用可以溶解油污的清洗剂把海鸟洗干净。因为海鸟的羽毛特别敏感，所以在清洗的时候，不能用力搓，因此需要使用儿童牙刷和棉棒。用清水多清洗几次之后，慢慢吹干。经过这一番辛劳的清洗过程，海鸟就可以从干燥箱里出来了。等它们的身体状况基本恢复之后，我们就会还它们自由。”施密特先生为扬思做了详细的解释。

“可惜许多海鸟在接受人类救助的时候，因为适应了受到人类照顾的生活，等到恢复自由的时候，就无法再适应自然的生存状态。所以，尽管接受了人类的救助，可它们还是

会死。”劳拉难过地讲述了另一种可能性。

“有这种可能。”施密特先生沉重地说，“到目前为止，我们仍不能确定被救助过的海鸟放生野外后，可以生存多久。尽管如此，我认为人类还是要对受到油污威胁的鸟类进行救援，因为只有受到救援，它们才有生还的机会。”

看到被他救起的那只海鸟已经被送上了开往救助站的运输车，扬思自言自语道：“施密特先生说得对。”

扬思的爸爸若有所思地说：“幸好我们这里以前没有

人类——海洋资源的最大掠夺者

在自然界中，动物捕食比自己小的动物，而又被比自己大的动物捕食，这就是食物链。

但是，海洋生物的最大的捕食者却是人类。以前，渔民用较小的渔网，只捕捞数量有限的鱼；而今天，因为技术的进步用巨型渔网进行捕捞的情况随处可见，而且不管是大鱼还是小鱼，全部一网打尽。巨型渔船所使用的拉网，甚至连海底的鱼也可以捕到。过度捕捞导致海洋渔业资源匮乏，有些鱼类甚至濒临灭绝！

发生过漏油污染。”

劳拉也很赞同：“是啊，我们这些志愿者平时关注的都是海上的过度捕捞问题，还有日常的环境污染问题。”

扬思的妈妈接着说：“这些已经够大家忙的了。”

天色渐晚，天空越来越暗。扬思看了看海滩：有一部分已经基本恢复到了发生漏油事故之前的样子。这时候，面包店的老板娘开着车，送来了好几篮夹心面包分给志愿者们，超市的老板也为大家带来了水和饮料。志愿者们纷纷摘掉脏兮兮的手套，接过食物。经过辛劳的工作能有食物和饮料可真好，大家还真的有点饿了。让志愿者们感到更加高兴的是，经过大家的共同努力，灾难造成的损失已经大幅度下降了。志愿者们拯救了海滩！

保护海洋，我们可以做些什么？

即使不住在海边，你也有责任保护海洋：

- 由于过度捕捞，一些鱼类濒临灭绝。因此，人类最好不要再以这些鱼类为食。如果能少吃一些猪肉和鸡肉，你也可以间接为海洋世界做出贡献。知道这是为什么吗？有很多海洋鱼类虽然不会出现在我们的餐桌上，但是会被做成猪和鸡的饲料。所以少吃肉，也会对保护鱼类有所帮助。

✷所有河流最终都会流向海洋，也就是说人类向河里排放和投掷的所有废物最终都会进入海洋。如果能保持你家附近的河流清澈，那么，即使海洋离你非常遥远，你也算是为保护海洋环境做出了贡献。

✷当你到海边度假的时候，记得不要把垃圾留在海滩上。塑料袋、塑料瓶还有其他包装都会对海里的动物和在海岸边生活的动物造成威胁甚至伤害。

森林——
地球绿色的肺

汉娜和莱昂到巴西旅行

汉娜和弟弟莱昂坐在飞机上。飞机涡轮机的噪声给很多乘客的睡梦带来了一些不安宁。汉娜回头看着爸爸妈妈，他们坐在汉娜的后面，已经进入了梦乡。

汉娜轻声叹了一口气，小声嘟囔着：“看来没法跟爸爸妈妈一起玩点什么了。”然后她又满怀希望地瞥了一眼弟弟莱昂。莱昂坐在靠窗的座位，已经目不转睛地盯着外面看了三个多小时。“一会儿该换我坐在窗户边了。”汉娜要求互换座位，语气里有点不耐烦。

“好，好……”弟弟看都没看她一眼，只是心不在焉地随口应付她罢了，他在专注地看着下面蓝色的大海。

汉娜一家旅行的目的是赶去庆祝爸爸的姑妈玛利亚 75 岁的生日。爸爸的这位姑妈住在非常遥远的巴西，一个南半球的国度！德国和巴西这两个地方相距实在太远了！单程旅行就要花大概一整天的时间。

“无聊的旅途总会过去的。”汉娜这样安慰自己，她很期待认识爸爸的姑妈以及他们在巴西的亲戚。

既然是爸爸的姑妈，那么汉娜和莱昂就要叫她姑奶奶了。听说她是 40 年前搬到巴西的，因为她嫁给了一位巴西的医生。遗憾的是她的丈夫已经去世了。不过玛利亚姑奶奶并不是独自居住，他儿子卡洛斯的家也在那座城市——贝伦，位于巴西的北部。因为德国离巴西太远了，所以到目前为止，汉娜和莱昂还没有见过这位姑奶奶，他们只在她过生日的时候，通过电话跟她讲过几句话。

汉娜问莱昂："你对咱们的亲戚感到好奇吗？"

莱昂从窗户边转过头来说："嗯。怎么了？你知道咱们的亲戚有多少人吗？"

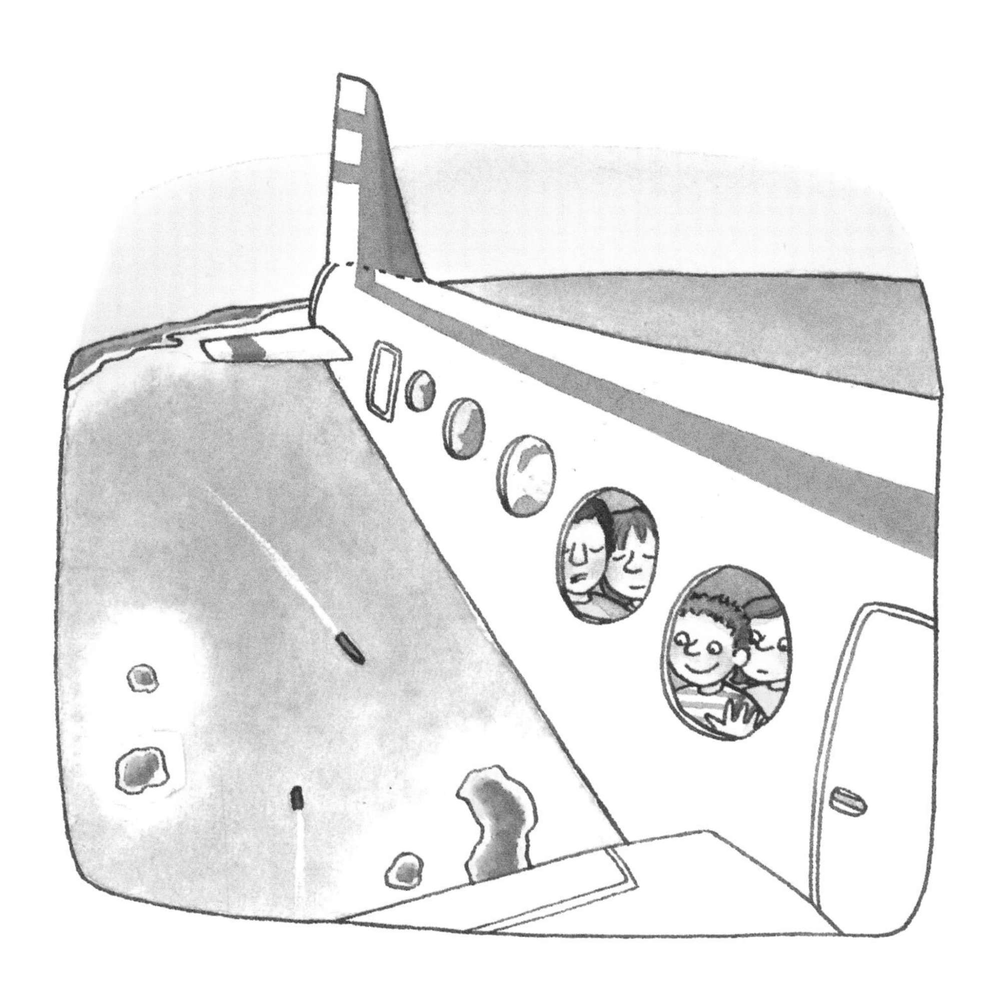

汉娜立刻来了兴致：“咱们来数数看！有姑奶奶、她的儿子也就是咱们的叔叔卡洛斯、叔叔的妻子约翰娜以及他们的两个儿子安东尼奥和佩德罗，安东尼奥今年 19 岁，在读大学，佩德罗今年 15 岁。”

莱昂想了想说：“那么，他俩就是咱们的堂兄了，对吧？真奇怪，咱们竟然从来没见过他们！”

汉娜往后倚靠着座位，兴奋地说：“我都迫不及待了！

气候是什么?

人们所说的气候，指的是某一个地方的典型天气。比如，故事中的两个小主人公生活在欧洲中部，这里的气候比较温和，适合人们居住：冬天不会特别冷，夏天也不会特别热。

地球上不同地区的气候差异很大：北极和南极非常冷，终年冰雪覆盖，只有很少的动植物可以在那里生存。相反，在赤道附近的热带地区，终年高温，雨水也很多。气候差异是由日照造成的——极地地区的日照强度远远低于热带地区。由于温度和降水的差异，地球上形成了不同的气候带。

咱们什么时候才能到啊？”她好像突然想起了什么，转过头问爸爸妈妈：“你们知道吗？温泽老师说过，如果所有人都乘坐飞机去度假，会对气候造成极大的危害。因为飞机在飞行过程中会产生很多废气，这些废气加重了气候恶化。”

爸爸听到汉娜的话，醒了过来。他打了个哈欠，揉揉眼睛，说：“温泽老师说得很对。但是我的姑妈玛利亚年纪太大了，我想至少应该来巴西拜访她一次。我们不会经常有这种旅行的，次数太多我们也负担不了呀。考虑到飞机排出的尾气会对环境造成危害，我已经提前在旅行社支付了一笔钱，它能够对飞机尾气造成的环境污染起到补救作用，叫作“排放配额。”

“什么？能再说一遍吗？这个词好奇怪哦！”汉娜不解地问。

爸爸笑了，耐心地为汉娜解释：“这个词（德文emissions-zertifikate）是由两个词组成的。第一个词（emissions）是排放，第二个词（zertifikate）是证书的意思。我购买的是排放配额。我支付的这笔钱将会用在世界范围内针对气候变化而实施的环保工程上。也就是说，我们会间接资助一些环保工程，能够得到一些平衡。”

汉娜还是有些怀疑：“这怎么可能？”

“我去旅行社的时候，工作人员是这样给我解释的：举一个例子，利用这笔钱，可以在非洲安装一些水泵，动力来自太阳能。这样，就能让非洲的居民喝到地下干净的泉水了。多亏有了太阳能水泵，非洲人民就可以不用有臭味的柴油水泵了。”

“原来是资助其他人少排放废气啊！”汉娜终于明白了。

“嗯，可以这么说。”爸爸点点头。

难道我们以后不能再旅行了?

飞机会向空气中排放废气，跟汽车排放尾气是一个道理，火车使用的电也是由电厂生产的。看来，凡是旅行时乘坐的交通工具都是不太环保的。除非走路！

你跟家人出去度假需要乘坐飞机或者火车、汽车，这是很自然的事情，如果担心交通工具会产生污染，那就有些担心过度了。毕竟度假是为了去感受和体验陌生的文化，虽然交通工具会排出废气，但是你们也可以做一些补救，比如购买“排放配额”或者去种一棵树。不过，因为乘坐飞机非常方便省时，有些德国人喜欢周末飞到巴黎或伦敦购物，这样就没必要了。

几个小时以后，他们一家四口总算到达目的地了。虽然巴西的高温让他们汗流浃背，但他们还是非常开心。

玛利亚姑奶奶和一个年轻人已经在出站口等待他们了。

姑奶奶开玩笑说：“天呀！你们带了这么多行李！你们不会是准备把家搬到这里来吧？”

“哈哈，当然不是，我们只在这里待两周。现在德国还是冬天呢，这里却是夏天。所以我们不得不把衣橱里一半的衣服打包带来。”爸爸一边解释，一边热情地拥抱他的姑妈。

“你们好，孩子们！让我好好看看你们，都已经长这么大了！”姑奶奶开心地说，亲热地摸了摸汉娜和莱昂的头。

“热烈欢迎你们来到巴西！再用一句葡萄牙语欢迎你们：Bem vindo（葡萄牙语中‘欢迎’的意思）！”

汉娜的爸爸回答说：“谢谢！可惜我们不会说葡萄牙语，希望您能当我们的翻译。”

“我很愿意！这是我的孙子安东尼奥，你们跟他说话的时候不需要我翻译，他在大学学习过德语。”

“你们好，bom dia（葡萄牙语中“早安”的意思）。”安东尼奥向大家问好，并跟莱昂和汉娜一家一一握手，“我的德语说得还不够好。”他的黑头发向后梳着，皮肤是健康的古铜色。

爸爸笑着说：“听上去很棒呀！我想玛利亚姑妈完全没必要替咱们翻译了！”

汉娜好奇地注视着玛利亚姑奶奶。她那和蔼可亲的脸上布满了皱纹，花白的头发绑成一条马尾辫，身上穿着一条花裙子。

汉娜心想：“姑奶奶很时尚呢。”

幸亏安东尼奥开来的车比较大，他们一家的行李可以整齐地摆放在后备箱里。出发之后，汽车在拥挤的道路上穿梭了好一会儿，终于到达了景色优美又祥和静谧的贝伦市郊，玛利亚姑奶奶的家就在这里。

“孩子们，你们可以尽情撒欢了！”姑奶奶开心地对汉娜和莱昂说，“我们先来一大块蛋糕吧！”

配着蛋糕的饮品有香甜的冰咖啡和冰可可。汉娜倒了一杯冰可可，一饮而尽，非常舒爽。

这时，天上的云朵挤成了厚厚的一团。

妈妈抬头看着天空问：“要下雨了吗？”

姑奶奶笑着回答：“是的，这里几乎每天都下雨。所以植物才会长得这么好。尤其是热带雨林！”

“所以才叫热带雨林的，对不对？”莱昂好奇地问道。

“没错！”姑奶奶解释说，“雨林的生长需要持续不断的雨水滋养，所以在这样的热带环境中原始森林才得以保留。”

“有些人也把雨林称为‘地球绿色的肺’。”安东尼奥认真地补充说。

“地球的肺？可是地球并不会呼吸啊！”汉娜提出了质疑。

“是的，之所以这么说是因为雨林中有上百万棵树，它们源源不断地生产着生物呼吸需要的氧气。可见，雨林是地球上生物的重要供氧者。”

“好啦，在安东尼奥打算跟你们深入探讨这个问题之前，我建议你们先去好好休息一下。明天晚上我们还要招待客人呢！”姑奶奶趁大家不注意打了个哈欠，“我现在要去躺一会儿了。美好的一天要有像样的午睡，这么多年我已经成为一个地地道道的巴西人了！”

汉娜和莱昂在飞机上没怎么睡，这会儿也觉得累了，于是很快就睡着了，甚至都没听到几分钟后大雨落下的声音。

地球绿色的肺

尽管地球不会呼吸，但是我们仍然说地球有一个“绿色的肺”。我们所指的“绿色的肺”其实就是热带雨林。热带雨林是一片巨大的丛林，位于地球的热带地区。因为一些热带地区终年高温且降水频繁，所以那里的树木长得茂盛而且高大，它们的叶片生产出供人类和动物呼吸的氧气。我们在地球上得以生存，雨林绝对功不可没。

汉娜睡得很香，刚醒来的时候，甚至都没反应过来自己这是在哪里。她听到门外传来了陌生的笑声，还有随后而来的巨大声响，决定起来一探究竟。

她来到走廊，看到一个深色头发的男孩坐在一堆彩带里，惊奇地看着她说：“对不起，我是不是把你吵醒了？我叫佩德罗，是你的小堂兄。”

汉娜心想：“你刚才的动静可一点都不小。”不过她嘴上很客气地说：“没关系，反正我也打算起床了，刚好也到了吃晚饭的时间。”

“晚饭？”佩德罗呵呵一笑，“我刚要说早饭时间到了！

你从昨天下午睡到了现在，可真是个小瞌睡虫啊！”

汉娜被逗得哈哈大笑，他俩边说边开心地跑到了宽敞的餐厅，这时爸爸妈妈和莱昂已经坐在餐桌前了。

汉娜刚把可可喝完，就听到安东尼奥站在门口叫道：“汉娜、雷奥，佩德罗和我要跟朋友们组织一次游行，你们想不想一起来？”

莱昂感到很好奇：“游行是怎么一回事？”

安东尼奥解释说：“我们要用这种方式抗议砍伐雨林。今天我们要去一个大豆种植场，这个种植场位于雨林的边缘。种植场的主人想要扩大种植场的面积，所以不断地砍伐雨林。我们不同意也不允许他们这么做！佩德罗和朋友们已经过去了。”

“这样不会很危险吗？”汉娜的妈妈很担心孩子们的安全。

“不要担心，我们只是游行，不会做别的事情。”他安慰汉娜的妈妈说，“总得有人去提醒他们，我们的雨林一直在被砍伐和烧毁，这样下去是不行的！”说到雨林的现状，他显得有些难过。

汉娜对这个问题很感兴趣，她又追问道：“怎么会这样呢？”

“砍伐下来的木材可以卖钱。在燃烧过雨林的覆盖地种植油棕和大豆，能够使油棕和大豆生长良好，然后换来更多的钱。一旦与钱扯上关系，很多人就不会想到保护环境了。”说到这里，安东尼奥有些愤怒。

“是啊，其实在欧洲也是同样的情况。”汉娜的妈妈联想到自己家乡的情况也感到很无奈。

安东尼奥要出发了，他催促道：“你们要不要一起来？”

汉娜用期待的眼神看着妈妈：“妈妈，我们可以去吗？反正咱们也是来度假的……”

“好吧！不过，安东尼奥，请你一定照顾好他们！”

“放心吧，我一定像保护自己的眼球那样保护好他们。在德语里是这么说的吧？”安东尼奥俏皮地笑着说。

半小时以后，安东尼奥开车带着汉娜和莱昂上路了。从家到雨林的边缘这一路上，一开始还是柏油马路，之后就变成了土路，坐在车上觉得很颠簸，路上偶尔还会与运输木材的卡车相遇。

汉娜惊奇地大叫：“卡车上装的树干好粗大！”

安东尼奥点点头说：“是的，因为热带的温暖气候，这里的树很快就能长成参天大树。在参天大树的下面还生长着许多其他不同种类和高度的植物。所以说热带雨林里的植物很奇妙，在不同的高度，生存着不同的动物和植物。”

汉娜站在雨林边上认认真真地观察着茂密雨林的深处。突然，她兴奋地叫起来：“安东尼奥，你看那里是不是有一只猴子？”

“很有可能。在雨林里有好多猴子，还有数不清的其他动物。”

“你们可真幸福！在我们的森林里顶多能看见只狍子。”

“有雨林确实很幸福，可雨林要是再这么被破坏下去的话，动物们很快就要失去生存的空间了。”安东尼奥又开始难过了。

莱昂疑惑地问：“人类干嘛要跟雨林争夺道路呢？”

“柏油马路只能给雨林和原住民带来不幸！”安东尼奥叹了口气说。

“这又是为什么？”

物种的灭绝与保护

在地球上大约生存着3000万种动物和植物。生物学家也不能悉数不落地把它们认全！可惜有许多物种在可以预见的将来就会灭绝。这是由于人类不断扩张城市和道路造成的——动植物因此失去了生存的空间。

通过采取一定的保护措施，一些濒临灭绝的物种可以得到拯救。比如，欧洲的水獭就是通过及时的救援才得以存活，而且数量随后开始增多。

“一旦柏油马路通向这里，伐木者、种植场主，还有淘金者就会蜂拥而至。他们不但会破坏丛林，还会把疾病传染给原住民，并且污染这里的水源。”

车又往前开了一会儿，雨林里的植物变得稀疏了一些。在车子的左边，汉娜看见一座朴素的灰白建筑，周围围着高高的篱笆。

安东尼奥放慢了车速，向大家介绍说：“这里就是大豆种植园了，大豆可以用来做牛的饲料，带来经济价值，所以前些年他们为了建这所种植园砍伐了大片雨林。”

热带雨林正在消失

热带雨林已经存在好几百年了，覆盖了地球上广阔的区域。但是现在它的面积正在日渐缩小。通过做热带雨林木材的生意，可以赚不少钱，所以才会有越来越多的人砍伐雨林中的树木。还有一些人燃烧低矮的植被，在开阔的平地上建造大型种植园，饲养牛群。每天都有大片雨林从地球上消失，这不仅会给气候带来不良影响，还会对动植物的生存空间造成破坏。

在种植园门口已经聚集了很多年轻人，他们高举抗议标语，唱着抗议歌曲。有几位参加游行的同伴在接受记者采访时神情激动地表明自己的立场。

汉娜四处看了一圈，激动地说：“佩德罗也在那里！”

她跟安东尼奥和莱昂一起加入了游行的队伍。安东尼奥向朋友们问好，大家情绪激动地讨论着，可惜汉娜和莱昂连一个字都听不懂。

他俩只好好奇地观察四周——他们发现有两位安保人员守在种植园的入口。

汉娜自言自语地说：“他们都板着脸。”

然后她趴到安东尼奥的耳边悄悄说：“这么做真的有用吗？”

“这很难说。”安东尼奥小声回答，“不过，重要的是我们采取了一定的行动。如果什么都不做，世界将会变得更糟。”然后他拍了拍汉娜的肩膀说：“至少我们现在多了两位来自欧洲的支持者！”

自然温室效应——维持良好气候的重要条件

你去过花房吗？园丁受到温室效应的启发，用玻璃建造花房，为里面的植物保温，让它们更好地生长：透明的玻璃让温暖的阳光照射进来，却不让吸收的热量轻易跑出去。

自然界的温室效应其实也是这个原理，只是没有玻璃罩罢了。取而代之的是一种特殊的气体，被称为“温室气体”，它能够吸收日光并转换成热量。如果没有自然界的温室效应，我们的地球就会变得寒冷而不适宜生存。

汉娜注意到几个游行抗议者，他们化着夸张的彩色亮妆，上身半裸。

莱昂惊奇地问：“佩德罗，这是在庆祝狂欢节吗？”

佩德罗被莱昂的话逗笑了，他摇摇头说：“不是的，莱昂，他们是居住在雨林附近的印第安人。他们平常就打扮成这样。印第安人也跟我们一起抗议砍伐雨林，因为这是他们的家园。”

莱昂要打破沙锅问到底：“那么，住在雨林里的印第安人靠什么生活？”

“他们以收集果实和打猎为生。如果种植园继续扩张，印第安人的采集和狩猎将会变得更加困难。这也是他们今天来抗议的原因之一。”

汉娜也来凑过来问：“那别的原因是什么？”

“第二个原因是气候变化，你们应该听说过这个词吧？”

“在巴西也会有气候变化吗？”

佩德罗苦笑道：“当然有啦！气候变化的影响范围遍布世界各地！砍伐雨林也会使欧洲的气候发生变化。”

“所以全世界的人们都有责任为防止气候变化而采取行动。”汉娜有了新的认识。

“是的，你说得很对。除了站在种植园门口抗议以外，在家也能为保持良好气候做一些努力。”

人为的温室效应破坏气候

除了自然界的温室效应，还存在人为的温室效应：主要来源于煤、石油、天然气及树木的燃烧，大量的温室气体被排放到空气中。于是地球表面的气温开始升高，气候出现紊乱。人为产生的温室气体是气候变化的一大元凶。

“那我们能够做些什么呢？”莱昂有些好奇。

“比如提醒你的爸爸妈妈不要购买用雨林树木做成的家具。”佩德罗举了一个例子。

“又比如不要每天都吃肉。”安东尼奥插了一句，“从南美洲出口到世界各地的牛肉可真不少。最为出名的是阿根廷的牛肉……为了满足日益增长的牛肉供给需求，就要扩张草场，就会造成更多的雨林被砍伐。”

“等我们回到德国，会把这些都告诉朋友们。看看我们还能做些什么吧！”汉娜的态度坚决又诚恳。

佩德罗说：“不用等到那时候，你们马上就能开始了。”然后跑到一边，拿来一个标语牌递给汉娜和莱昂。上面的标语是用葡萄牙文写的，安东尼奥给他们俩做了翻译：“不要染指热带雨林！”

“对！把手拿开！”莱昂的表情很严肃，他高高举起标语牌。

回去的路上汉娜问：“我们今天取得什么成果了吗？”

安东尼奥耸了耸肩，说：“要说直接的成果肯定没有，至少没有那么快。不过，我们再次向种植园主表明了一件事——我们绝不会袖手旁观，绝不会保持沉默。希望记者会把今天的抗议游行在报纸或者电视上进行报道，让越多的人知道越好。”

“好啦，现在让我们来想想其他重要的事情吧！他们一定正在家里忙着准备今晚盛大的生日宴会呢！”佩德罗打了个岔。

他们四个到家的时候，生日宴会刚好开始，身着节日盛装的乐队正在给乐器调音。玛利亚姑奶奶把自己打扮得很漂亮，她来来回回奔走在厨房和花园之间。汉娜的爸爸妈妈、卡洛斯叔叔和他的妻子站在门口负责迎宾。

莱昂兴奋地奔向爸爸妈妈：“爸爸妈妈，我们去拯救雨林了！”

“是吗？你们达到目的了吗？”爸爸饶有兴趣地问道。

“虽然还没有，但是我打算回到德国以后，跟同学们讲述这件事，然后呼吁大家一起来一个抗议游行！”

妈妈笑了，温柔地摸了摸莱昂的头：“你将成为一名优秀的环保卫士。”

“什么叫将成为，我已经是了呀！”莱昂自豪地说。

气候变化

科学家一致认为：由人类引发的温室效应已经严重地扰乱了气候。如果这种状况持续下去，迟早有一天，气候变化会导致气候灾难，后果将不堪设想。在接下来的几百年里，气候变化会使地球上的气温升高几度。如果真是那样，人类可就有的担心了，比如下面这些情况，有些你可能已经听说过了：

- 南极和北极的冰雪将会融化，北极熊、企鹅以及其他在那里生存的动物就此将失去家园。

- 海平面将会上升，住在海边的居民将不得不搬迁。

- 未来的雷雨和风暴将会更加激烈，造成更严重的经济损失和人员伤亡。

- 沙漠将会继续扩张。有一些地方将会更加炎热，而且降雨还会减少。土地会越来越贫瘠，农作物不再生长，许多人会因此遭受饥饿。

- 相反，另外一些地方降水将增多，会诱发山体滑坡和洪灾。

- 许多动植物因无法适应升高的气温而死去。

- 一些动物迁移到新的居住地，可能是之前它们无法生存的地方。像舌蝇这样有名的病毒传播者，在迁移的过程中会携带病毒一起到新的地方。

后记

环保是永恒的话题——写给家长的一些话

读完这本书，你一定还记得几个关键词，比如温室效应、石油泄漏、海洋污染，它们与臭氧空洞在同一时间成为媒体的热议话题。随后，很多人开始进行垃圾分类，使用不含氟利昂的发蜡，给汽车装上尾气净化器。然而，森林面积却依然在日趋减少，臭氧层空洞即使按照最理想的状况也将在未来数十年内消失。在这期间，公众热衷讨论的诸如气候变化、全球气候变暖和温室效应等话题也常常见诸报端。这些问题会长期给我们及后代造成影响，所以环保问题成了贯穿这本书的主线。对于那些不再处于公众视野中心的话题的讨论，也一直持续到了现在——环保现在是、将来也一定还是 21 世纪最重要的问题。

全球气候变暖正在发生，这十分确凿。我们还不能准确地预测这是否会引发巨大的灾难，或者人类从现在起做出改变是否还来得及，又或者人类是否能够承受由此带来的损失。人类的社会活动加重了对气候变化的不良影响，对于这个观点，一直都有反对的声音。因此，他们不会停止自己错误的行为，除非有人能够拿出“充分、确凿的证据”。但到那时就已经太晚了，我们的孩子将会成为这些盲目、无知行为的受害者和替罪羊。他们要比我们和那些肇事者更长久地承担这些糟糕的后果。

当然，在我们所面临的众多环境问题中，气候变化不是唯一的问题。除此之外，日常生活中的水污染、空气污染、噪声污染也无处不在。雨林的过度砍伐、数千种动植物物种的灭绝虽然不是日常生活中随时能遇见的，却也能不时地在报纸和电视上看到。尽管环境污染带来的损失在欧洲不太明显，但是乱采滥伐造成的破坏性后果确实已经波及全球。环境问题对于个体的影响不太明显，这也造成了一些人轻视危害的态度。诸如对于“未来德国的平均气温将升高 2–6℃”的预言，一些年轻人甚至开起无知的玩笑，认为这是“比较好的天气”。

造成环境污染的因素不是单一的，它们相互影响，互为因果。它们的危害绝不仅仅针对所发生的地区，而是会蔓延到全球。只有人类共同努力，一致行动，善待自然，才能保护环境。正确的方法不是等着别人采取行动。我们的口号是：从我做起，从小事做起，采取措施保护环境，抵抗环境污染。这样做成效很显著，也容易相互影响。成人可以通过自己的实际行动为孩子们做出榜样。

有一句话是这样说的：“我们在消耗子孙的资源。”这句话经常在生态报告中被引用，来讽刺我们破坏环境的行为，它起源于一句古老的印第安谚语，印第安人和其他原始居民在与自然和谐相处的生活中总结出了这句话。在现代工业社会中，人与自然的和谐相处变得难以实现。

环境毁灭可能导致的灾难性后果会让每个人都深受其害，我们应该抓紧时间，立刻采取行动。

[德]克里斯蒂安·诺因赫斯

于柏林

怎样使用这本书

- 这本书的一个目的是：让人们理解和尊重自然。在人们认识了自然，并懂得尊重自然之后，在与自然相处的过程中就会更加有责任心。

- 书中的故事都有可能取自真实的生活。这些广泛从日常生活中汲取的经验，向我们介绍了环境的不同要素，也从多个角度唤醒了我们对于自然的关怀。书中各个章节的内容相互独立，可以顺序阅读，也可以随机阅读。

- 在每个故事中都插播了几个小知识专栏，来详细解释一些重要的概念，或者人们常提到的基本话题，比如海洋生物的过度捕捞、太阳能的使用。当然，对于复杂概念进一步的解释，是这些小专栏无法做到的。请把这些信息当作是让你和孩子对其他主题感兴趣的开端。你们可以一起寻找更多相关的书籍，或者去身临其境地体验大自然。跟孩子一起走出家门，体验并感受你们所处的环境吧！

保护自然，我们可以做些什么？

- 许多人不相信通过个人努力可以为保护我们的星球贡献一份力量，他们会说“作为个体是改变不了什么的！”其实，如果我们每个人在日常生活中都做出一点点的保护环境的改变，汇集到一起就会产生很大的影响。在这本书的每个章节中，你都能找到一些合适的建议。这些生活习惯的变化并不需要你和你的家人刻意放弃舒适的生活方式，书中的一些建议甚至可以帮助你们节省一些开支。

- 许多破坏环境的事情是一个人成年后才开始进行的，例如：开飞车，周末飞往伦敦购物，或者在露天阳台上摆放热带植物。因此，针对这些不良行为的建议也无法由孩子来实现。我们应当发挥我们做为成人的榜样作用，用我们的行动告诉孩子，每个人都可以贡献自己的力量。

书中的建议激发我们去思考：作为个体，我们可以为改变现状而做出哪些努力？

- 很难完全避免使用对环境造成污染的物品。不是要求你卖掉自己的汽车、每天骑行 20 千米去上班，或者不再去度假。也不是每个人都有经济实力去拥有一个安装着太阳能发电装置的屋顶。但每个人可以量力而行，想想可以为环境做些什么。

- 对于自然资源的可持续利用和与自然和谐、负责任的相处，应当从小事做起，从每个家庭房间做起。如果有更多的人参与进来，我们的行动将会在全球范围内看到成效，也能保障我们的孩子、孩子的孩子能够拥有一个美好的生活环境。